N
W
E
S

JOURNEYS

图书在版编目（CIP）数据

征途：人类的星辰与大海 /（英）乔纳森·利顿（Jonathan Litton）著；（波）克里斯·查利克（Chris Chalik）等绘；颜基义译．—昆明：晨光出版社，2021.7

ISBN 978-7-5715-1091-6

Ⅰ.①征… Ⅱ.①乔… ②克… ③颜… Ⅲ.①科学探索－儿童读物 Ⅳ.①N49

中国版本图书馆 CIP 数据核字（2021）第 072151 号

360 DEGREES
Original title: Journeys
An imprint of the Little Tiger Group
First published in Great Britain 2018
Text by Jonathan Litton

Illustrated by Chris Chalik, Dave Shephard, Jon Davis and Leo Hartas

著作权合同登记号　图字：23-2020-179 号

征 途 人类的星辰与大海

ZHENGTU RENLEI DE XINGCHEN YU DAHAI

［英］乔纳森·利顿 著
［波］克里斯·查利克 ［英］戴夫·谢泼德 ［英］乔恩·戴维斯 ［英］利奥·哈塔斯 绘　颜基义 译

出 版 人　吉　彤

项目策划　禹田文化
执行策划　韩青宁
责任编辑　李　政　常颖雯　韩建凤
项目编辑　胡玉婷　周　雯
版权编辑　张静怡
封面设计　木　木
内文设计　常　跃

出　　版　云南出版集团 晨光出版社
地　　址　昆明市环城西路 609 号新闻出版大楼
邮　　编　650034
发行电话　（010）88356856 88356858
印　　刷　上海利丰雅高印刷有限公司
经　　销　各地新华书店
版　　次　2021 年 7 月第 1 版
印　　次　2021 年 7 月第 1 次印刷
开　　本　300mm×240mm 16 开
印　　张　6.5
I S B N　978-7-5715-1091-6
字　　数　28 千
定　　价　128.00 元

退换声明：若有印刷质量问题，请及时和销售部门（010-88356856）联系退换。

献给所有我在旅程中遇到的可爱的陌生人。

——乔纳森·利顿

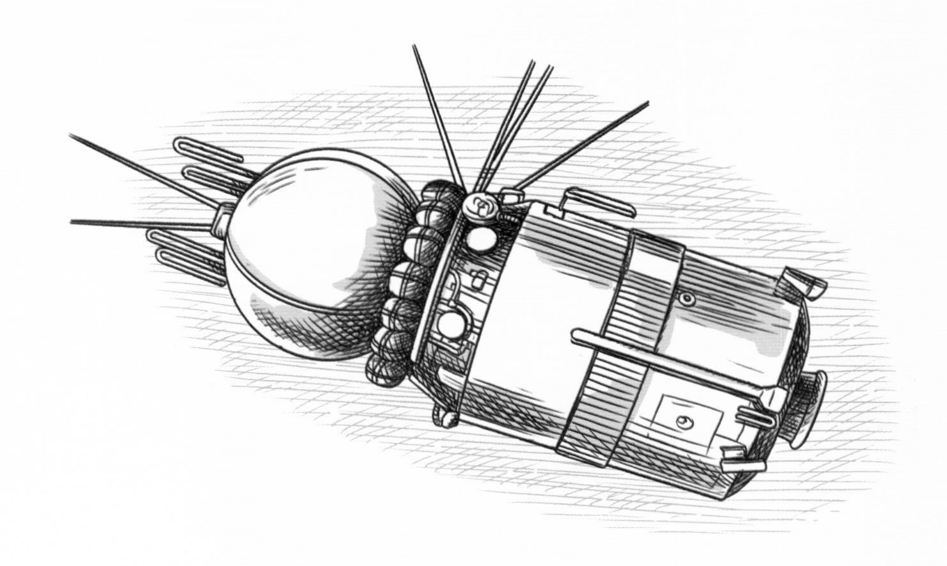

徐福东渡

得知海中仙岛的传说后，秦始皇派徐福率领数千人，出海寻找长生不老药。第一次东渡，徐福空手而归。他自称见到了海上的仙人，但仙人以礼物太少为由，拒绝给徐福仙药。秦始皇深信不疑，马上增派3000人，备上各种谷物、药品等，令徐福再次出海。

再次东渡

第二次东渡，徐福直到9年之后才回来。连续出海却一无所获，为了避免受到责罚，徐福告诉秦始皇，海上有巨大的蛟鱼拦路，希望秦始皇能派出弓箭手随行。于是，秦始皇派了大量携带连弩的弓箭手，射杀了一条巨大的鱼。随后徐福再度出海，然而这次，他一去不复返。

徐福的去向

关于这件事，民间有许多说法，有人说他遭遇了海难；有人说他漂到了某个物资丰饶的海岛，并在那里定居；还有人说他东渡到了日本。时至今日，并没有一个十分确切的说法。

向西航行

VOYAGES WEST

维京人从挪威出发，乘着他们标志性的长船穿越海洋数千英里，直奔冰岛、格陵兰岛和北美而去……

“这里盛产葡萄，
所以我给它起名叫文兰
（VINLAND）。”

——雷夫·埃里克森

雷夫·埃里克森

公元 1000 年，维京人雷夫·埃里克森继承了父亲红胡子埃里克的事业，开始出海远行。他带领一小队船员，横渡大西洋，在北美登陆，登陆点可能位于现在加拿大的纽芬兰岛。他给这个地方起名叫“文兰”，意思是“盛产葡萄的草原”。雷夫在这块新土地上建立了至少一个定居点，但在与美洲土著人发生冲突后，他最终还是回到了格陵兰岛。

红胡子埃里克

早在18年前，也就是公元982年，雷夫·埃里克森的父亲红胡子埃里克（因他的红胡子和暴躁的脾气而得名）被从冰岛流放。他向西航行，发现了一座资源丰富的岛屿，并命名为“格陵兰岛（THE GREENLAND）”。这个动听的名字激励了500名男子携带着农场动物和建筑材料，跟随着埃里克前往格陵兰岛，在那里建立起村庄和城镇。

“如果这块土地有个好名字，就会吸引人们到那里去。”

——红胡子埃里克

东方探险队

虽然在历史上，维京人以他们向西的远航而闻名，但实际上，他们向东航行得更远。他们在欧洲的海洋和河流中一边向前航行，一边沿途进行掠夺和贸易。

发现新大陆

A NEW WORLD

随着欧洲地理学的发展，人们逐渐相信地球是圆的，这让一些探险家蠢蠢欲动，如果地球是圆的，那么既然向东航行可以抵达亚洲，向西航行也一定可以。而他们进行这种尝试的结果就是——意外地发现了美洲。在那之前，他们还坚定地认为，美洲与亚洲是连在一起的！

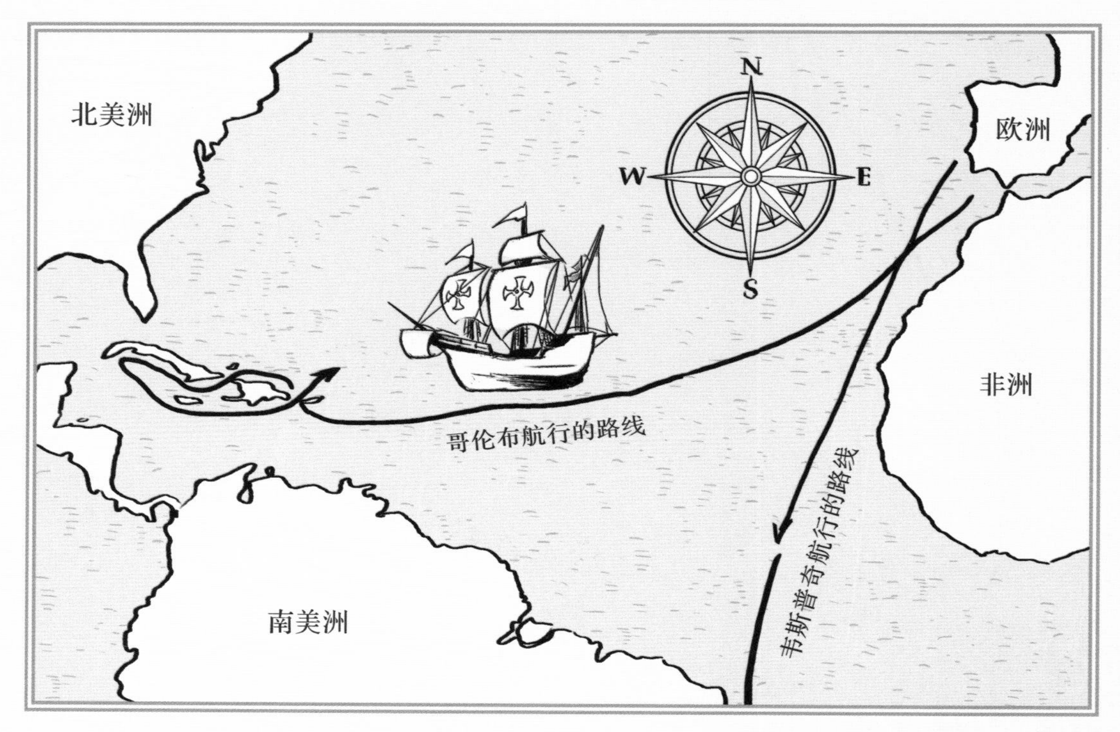

（此图仅作为路线示意图）

克里斯托弗·哥伦布

1492 年，一位名叫克里斯托弗·哥伦布的意大利人说服了西班牙宫廷，赞助自己向西航行，驶向亚洲。他的船“圣玛丽亚号”是当时最好的帆船之一。当他率领探险队抵达陆地后，和当地的泰诺人进行了一场跨越语言与文化的交流，互相交换了物品。哥伦布认为自己当时所在的位置就是亚洲，并把那里的人称为“印第安人”，事实上，那里是美洲大陆旁加勒比海上的岛屿。此后，他又向西航行了 3 次，但是直到最后，他也不知道自己曾经到达的不是亚洲，而是一个全新的大陆！

亚美利哥·韦斯普奇

发现美洲的这一荣誉，属于另一位意大利航海家亚美利哥·韦斯普奇。1497 年至 1504 年间，韦斯普奇完成了 4 次横跨大西洋的往返航行，他沿着美洲的南海岸行驶了漫长的距离，发现了亚马孙河和奥里诺科河的河口，他意识到这是一个与亚洲根本不相连的“新世界”！后来，一位地图绘制师用他的名字给美洲大陆命名，因此在很长一段时间里，美洲都被称为“亚美利加洲”。

环绕非洲

AROUND AFRICA

两千多年来，对地图绘制师来说，非洲南部一直是一个谜。曾经有人通过陆路到达了印度，那么，有没有环绕非洲航行，从而到达印度的航线呢？如果有，就能通过这条航线把印度各种贵重的香料带回来，这可是一笔不小的财富啊！

巴尔托洛梅乌·迪亚士

1487 年，葡萄牙航海家巴尔托洛梅乌·迪亚士率领船队开始环绕非洲航行。他们在途中经历了一场大风暴，但最终还是绕过了非洲大陆的最南端。后来，由于船队物资所剩无几，船员们也疲惫不堪，强烈要求返航。返回途中，他们发现了上次遭遇风暴的海角，给它命名为“风暴之角”，也就是现在大家耳熟能详的“好望角”。

（此图仅作为路线示意图）

瓦斯科·达·伽马

10 年后，另一位葡萄牙航海家瓦斯科·达·伽马从首都里斯本出发，向南航行，寻找通往印度的海上航线。他的船队成功绕过了好望角，但由于当地首领对他们的礼物不太满意，使得他们没能得到足够的补给。船队继续航行，最终抵达印度。返航途中，他们遭遇了风暴，损失了不少人员和船只，但他们的航行距离已经超过了绕赤道一圈的长度。达·伽马是第一个成功从欧洲航行到印度的人。

非洲神话

传说中的非洲，到处都是稀奇古怪的神奇生物，就像下图中画的那样。有只有一条腿的“独脚人”；耳朵大到能遮住身体的“帕诺提人”；没有脑袋，脸长在身上的“布莱姆耶斯人”；以及长着狗脑袋，穿着兽皮衣服的“狗头人”等。但所有这些都只是猜测，因为，无论是迪亚士，还是达·伽马，他们都没有深入到内地，这些神话也因此流传了好几个世纪。

独脚人

帕诺提人

布莱姆耶斯人

狗头人

环游世界

AROUND *the* WORLD

谁将会是环游世界的第一人呢？16 世纪时，这个问题已经迫在眉睫了。冒险者想要获得成功，除了要拥有技能，还得有机遇。虽然欧洲有着众多的探险家，但很少有人知道，环游世界的第一人实际上可能是位亚洲人……

恩里克

1511 年，一位名叫斐迪南 · 麦哲伦的葡萄牙探险家在马来西亚地区买下了一个名叫恩里克的奴隶，并带回了欧洲。8 年后，恩里克以仆人和翻译的身份，跟随麦哲伦一起，开始了环球航行。最终，他们到达了菲律宾的宿务，那里离恩里克的家乡很近，恩里克能与当地人顺畅地交流。后来，麦哲伦因为与当地人发生冲突而被杀。麦哲伦死后，恩里克下落不明，许多人猜测，他可能找到一艘船返回了家乡，完成了第一次环球航行。

弗朗西斯·德雷克

弗朗西斯·德雷克是第一个完成环球航行的英国人。他是一位出色的航海家，但早年曾和表兄一起非法贩卖奴隶。1577 年，德雷克从英国出发，开始环球航行。途中经常装扮成海盗，袭击其他船只，对抓到的敌人加以折磨。在航海方面，他非常擅长寻找正确的风向和保持船的航向，但他实在不是个善良的人。3 年后他回到英国，被当作英雄并被授予骑士身份。不过，历史却并没有给恩里克这样的荣誉，只在马来西亚有一座雕像用来纪念恩里克史诗般的航行。

“我不讨厌岸上的生活，但是生活在大海上更加美好。”

——弗朗西斯·德雷克

亚马孙大冒险

AMAZONIAN ADVENTURES

伟大的河流值得惊险刺激的冒险故事，在这一点上，亚马孙河从来不会让人失望。让我们来看看，有哪些勇敢的探险者们忍受住蚊虫的叮咬，避开了危险的食人鱼和鳄鱼，克服重重困难，征服了这条世界上流量最大、流域面积最广的河呢？

弗朗西斯科·德·奥雷利亚纳

为了追逐肉桂和黄金带来的财富，西班牙探险家弗朗西斯科·德·奥雷利亚纳于1541年，从厄瓜多尔的基多出发，开始了探险远征。他们遇到了一条宽大的河流，无法再继续步行，于是就地取材，打造了一艘船，驾船顺流而下寻找食物。后来，他们又造了一艘更大的船。6个月后，德·奥雷利亚纳抵达了大西洋沿岸，被那里的人们视为英雄。他穿越的这条河，正是亚马孙河。

洛佩·德·阿吉雷

几年后，另一个西班牙人洛佩·德·阿吉雷追随德·奥雷利亚纳的脚步，也前往亚马孙河寻找传说中的黄金国。虽然他没有找到黄金，却成功地从头到尾穿越了这条大河，还宣称自己是秘鲁国王。他的船员觉得他疯了，最终全都离他而去！

珀西·福塞特

英国探险家珀西·福塞特于1925年出发去亚马孙河寻找黄金。他带上了自己的儿子杰克和一个朋友，还有两名当地的导游。后来，福塞特把导游遣散回家，请导游帮他带了一封信给妻子，信中写道："你不必担心任何失败。"那之后，再也没有了这对父子和那位朋友的消息。有人猜测说，他们可能是在雨林深处被昆虫活活吃掉了。

南部海域

SOUTHERN SEAS

太平洋南部的海域是距离欧洲最远的海域，因此，直到很晚这里才有欧洲人到访。17 世纪 40 年代的荷兰人和 18 世纪 60 年代、80 年代的英国人都是最先探访那里的人。他们带回了前所未有的，关于那片神奇土地和那里的动植物的故事。

阿贝尔·塔斯曼

荷兰探险家阿贝尔·塔斯曼奉命去南部海域探寻未知的陆地。他环绕新几内亚和澳大利亚航行，发现了一座南部的岛屿，并给它起了一个名字——范迪门之地，也就是现在的塔斯马尼亚岛。他是第一个到达新西兰的欧洲人，但是却没能和当地的毛利人建立起友好的关系。他们互相高声喊叫，吹奏起乐器，随后还有人在冲突中丧生，由此激起的不信任感一直持续了几个世纪。

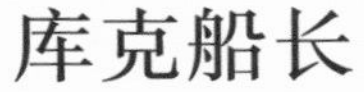

库克船长

詹姆斯·库克是历史上最杰出的船长和航海家之一。他第一次航行时，就为地图上添加了 8000 多公里长的未知海岸线。文字记录表明，他往南航行的遥远程度，超过了之前世界上的任何人。他绘制了澳大利亚、新西兰和南太平洋的水域图，并记录了许多当地的部落和动植物的资料。不幸的是，由于他的性格过于强势，总是没有办法平和地解决遇到的事情。他是第一个登上夏威夷的欧洲人，却被当地人杀死了。

“雄心壮志带我通往任何我想去的地方。”

——库克船长

危险的海域

DANGEROUS SEAS

虽然当时还没有澳大利亚和新几内亚附近南部海域的地图，但人们已经知道在这些海域里航行是非常危险的。因为那里到处都是鲨鱼、岩石、暗礁、强劲的洋流，还有不可预测的天气。因此，即使是最大的船在这片海域里也得小心行驶。不过，令人惊叹的是，有两个人驾驶着几乎是最小的船——划艇，先后安全地通过了这片水域……

玛丽·布莱恩特

18 世纪晚期的英国，所有被判刑的罪犯都要送往澳大利亚。玛丽·布莱恩特因偷窃罪被押上了船，在远途航行中吃了不少苦。到达目的地时，她偷了一艘船，在 66 天内航行了 5000 多公里。在帝汶岛登陆时，她声称自己遭遇了海难，是幸存者。但最终警察还是认出了她，并把她送回了英国。

威廉·布莱

英国人威廉·布莱作为船长，驾驶着一艘名为“邦蒂号”的英国皇家舰艇前往塔希提岛采集异国水果。布莱对船员的管理和惩罚极其严厉，一些船员无法忍受，选择了叛变。他们把布莱和他的少数支持者扔在一艘小船上任其漂流。虽然看上去生存机会渺茫，可是在汤加短暂地停留后，布莱成功指挥这艘小船行驶了 6500 公里，最后安全抵达西帝汶岛。

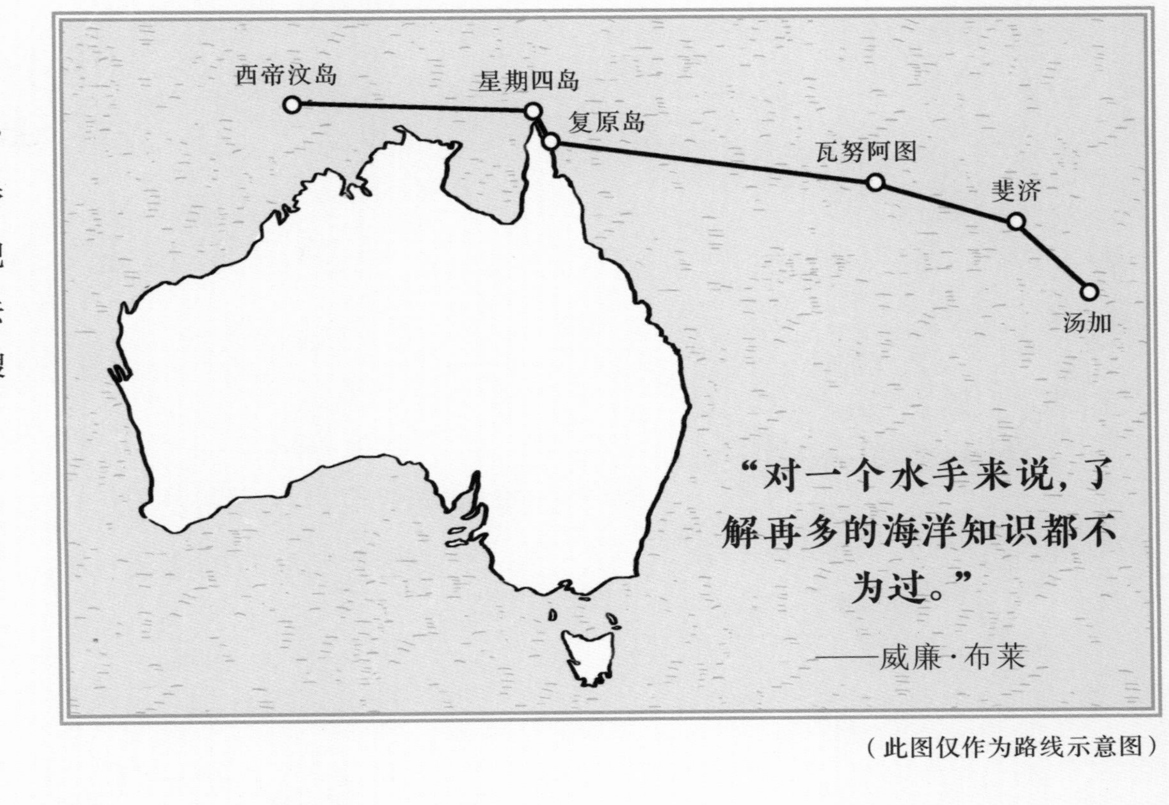

（此图仅作为路线示意图）

博物学家

THE NATURALISTS

有这样两位自然崇拜者，他们分别进行了两次意义重大的旅行，为热带地区的植物和动物绘图并进行分类。他们所做的这些，改变了人们对世界的认知。第一位博物学家是亚历山大·冯·洪堡，第二位是查尔斯·达尔文。

亚历山大·冯·洪堡

亚历山大·冯·洪堡是德国人，他在南美旅行期间（1799—1804 年），发现了一些新的河流、植物、动物和部落，他坚持以事实为根据报道新物种，把这些发现都仔细地记录了下来。他还是一位出色的艺术家，他日志中那些写实型的素描，为后来的科学研究提供了宝贵的资料。除此之外，他还是一位高产的作家。

安古洛阿兰花

吼猴

查尔斯·达尔文

达尔文在1831—1836年间乘坐“小猎犬号”，进行了长达5年的环球航行。他注意到加拉帕戈斯群岛的动物和鸟类之间有一些相似的特征，但也有不同的地方。他开始意识到，这些相似性和差异性就如同来自同一棵树的树枝一样，不同的生物都是从共同的祖先进化而来的。这种进化论也同样适用于人类，虽然进化论在欧洲曾一度遭到极大反对，但是随着时间的推移，最终成为了被世人广泛接受的著名科学理论。

1. 大嘴地雀　2. 中嘴地雀　3. 小嘴地雀　4. 绿莺雀

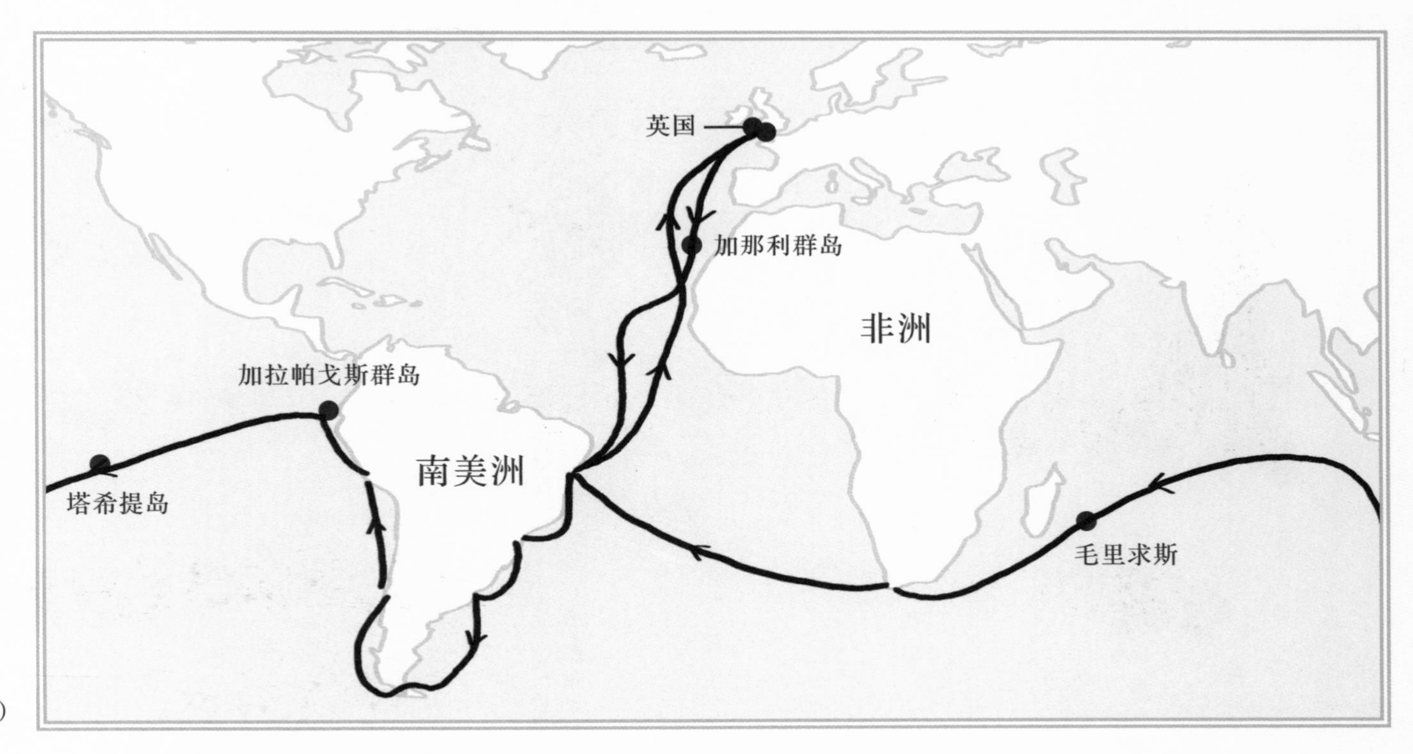

（此图仅作为路线示意图）

奔腾的河流

RUNNING RIVERS

河流是船的道路，旅行者可以驾船行驶到步行无法到达的地方。但在没给河流绘制地图之前，沿着这些未知的河流航行，很可能会碰到不可预测的危险——急流、食人鱼、鳄鱼，还有不太友好的部落……

科罗拉多大冒险

美国军人约翰·卫斯理·鲍威尔的形象是一副十足的探险家派头，浓密的大胡子，戴着探险家的帽子。他志在成为第一个穿越科罗拉多大峡谷及其所有支流的欧洲人，虽然在战争中失去了一条胳膊，他还是带领探险队勇敢地出发了。当人们以为再也见不到他了，甚至在报纸上登载了他英勇去世的消息时，他回来了，还和他的探险队绘制了大峡谷的地形图。

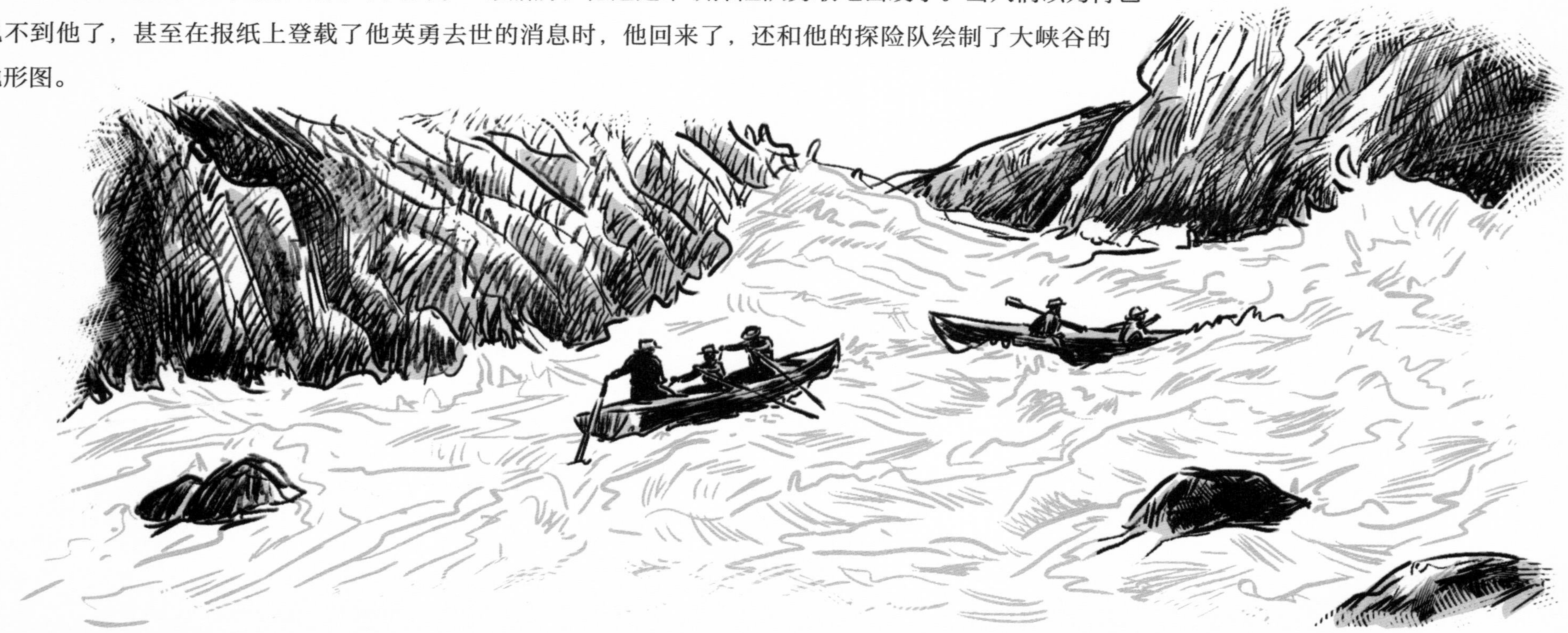

走进未知的亚洲——湄公河

湄公河是世界第十二长的河流，流经的国家多属于茂密的丛林地带，欧洲人对它的地理状况了解得非常少。1866 年，法国人弗朗西斯·加尼尔和探险队一起来到了东南亚的神秘湄公河，虽然加尼尔只是团队的二把手，但途中很多事都由他来做决定。探险队沿途考察当地的历史地理、风土人情等情况，做了不少相关的记录，还画下了许多当地风情、地貌的图画。

在非洲的英国女人

玛丽·金斯利看起来像一个典型的维多利亚时代女性，循规蹈矩，按部就班，但其实她的生活十分丰富多彩。她一个人闯入西非荒野，光着脚越过沼泽，独自攀登高山，遇到了凶猛的野生动物和食人族，但她幸存了下来。她撑着一只简易的独木舟探索奥戈埃河（位于现在的加蓬），鳄鱼靠近时，她就用船桨敲打鳄鱼的鼻子，她还敢与豹子搏斗。旅行途中，金斯利收集了许多新品种的鱼和昆虫的标本。后来，她根据自己的冒险经历写出了畅销书《西非之旅》。

孤筏重洋

KON-TIKI

大多数人都认为波利尼西亚人来自亚洲，但是一个叫托尔·海尔达尔的挪威人认为他们是从南美洲航行过来的。为了证明这一理论，他寻找和古代时一样的材料，用同样的技术，仿制了一只古印第安人的木筏，计划远航……

“如果一切安好，何必庸人自扰？”

——托尔·海尔达尔

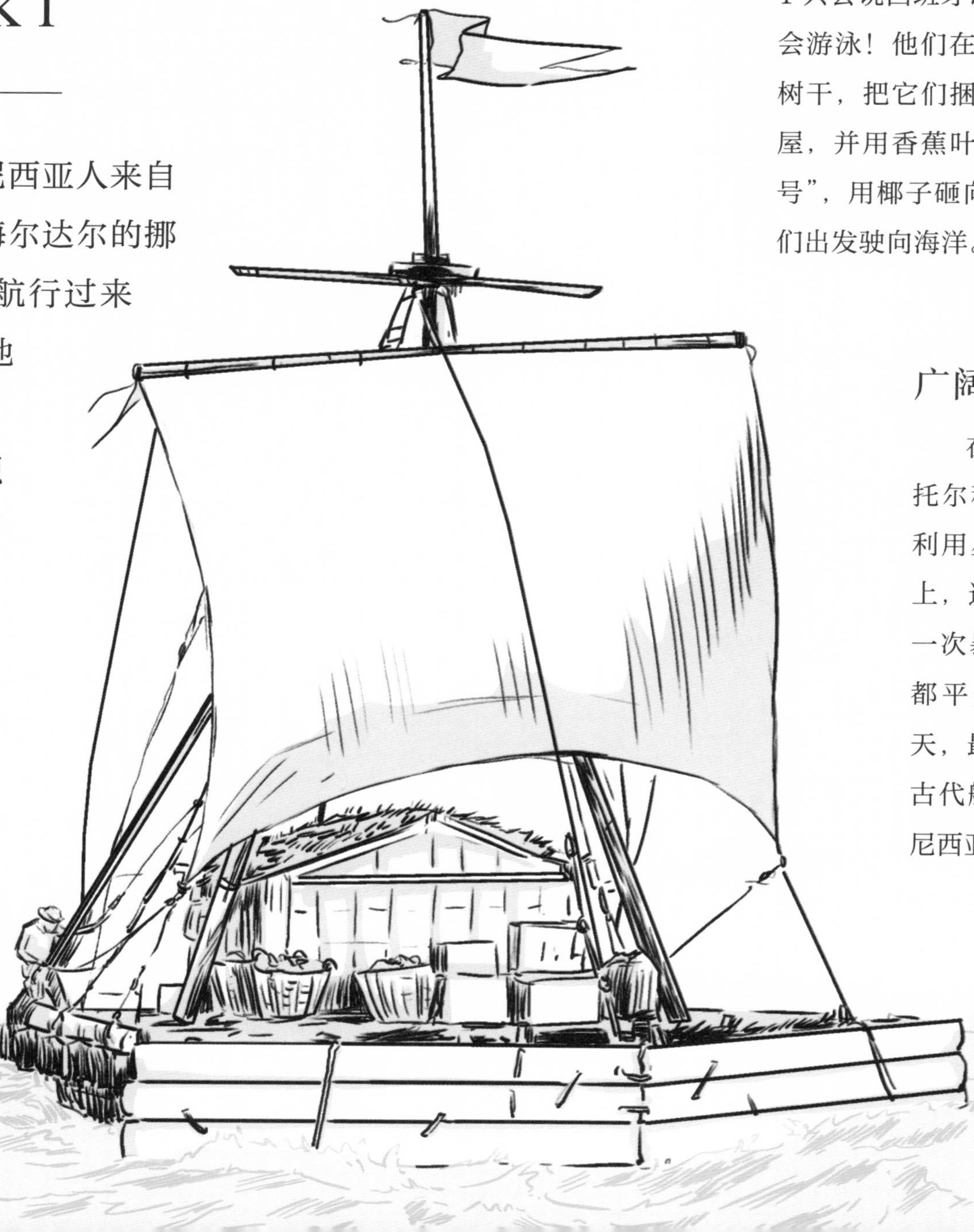

扬帆起航

托尔招募了 5 名志愿者和自己同行，还带上了 1 只会说西班牙语的鹦鹉。他没有航海经验，甚至不会游泳！他们在厄瓜多尔挑选了 9 根最结实的轻木树干，把它们捆绑在一起，又在上面搭建了竹子小屋，并用香蕉叶做屋顶。他们给船命名为“康提基号”，用椰子砸向筏头进行起航仪式。1947 年，他们出发驶向海洋。

广阔的海洋

在海洋上生活是既艰难又神奇的，托尔和船员们每晚凝视着美丽的夜空，利用星星导航。有时会有飞鱼落在甲板上，这样他们就不必去捉鱼了！他们在一次暴风雨中失去了那只鹦鹉，所幸人都平安无事。他们在海上航行了 101 天，最后在塔希提岛登陆，从而证明了古代航海技术能够完成在南美洲和波利尼西亚之间的航行。

“我要走遍天涯，只要勇往直前。”

——大卫·利文斯通

陆上征途

LAND

陆地上的远途旅行，常常让人筋疲力尽。不仅要穿越山脉、沙漠和沼泽等地理障碍，由于远离家乡，还要面对语言、文化和习俗的阻隔。但对于顽强的旅行者来说，不管是步行，还是借助骆驼、马匹等其他方式，就算没有路标，他们依然能够抵达目的地。45 个世纪以来，这些先驱者们的共同点就是：有冒险精神，善于辨别方向，尊重大自然，拥有强大的意志力。

早期的“游记”

EARLY TRAVEL NOTES

对于许多早期的旅行者来说，很难得知他们的探险是从哪里开始，又是在哪里结束的。在他们的故事被记录下来之前，已经被口口相传了相当长的时间。因此，能把旅程记录下来，是一件非常有意义的事情，让那些旅行故事更真实可信，更值得阅读。

哈尔胡夫

已知最早写游记的作家是公元前 23 世纪时古埃及的哈尔胡夫。与那个时代的其他富人一样，他去世后，生前的作品被一同埋葬在坟墓里。哈尔胡夫在作品中讲述了自己 4 次徒步和乘船探险，并从不知名的地方带回巨大财富的勇敢经历。他还在被称为“地平线远方居民”的领地上发现了矮人，并带回一个矮人作为礼物献给了法老，这个矮人深得法老的喜爱。

彼特拉克

渐渐地，在欧洲出现了所谓的游记写作和纯粹为了娱乐的旅行，不为贸易或战争，也不为发现新大陆。1336年，一个叫彼特拉克的意大利人攀登法国的文托峰，并写下了自己的旅行随感。他说自己登山就是为了欣赏山顶风光，他把那些待在山底不愿攀登的人称为“冷漠又缺乏好奇心的人”。

张骞出塞

张骞是我国西汉时期著名的外交家、探险家。公元前139年，张骞奉汉武帝之命，由西汉都城长安出发，率领100多人出使西域，却被匈奴人扣留和软禁起来。10多年后，他趁匈奴人内乱逃脱。回到长安，他向汉武帝详细地报告了所经各国的情况，这些报告被记录和保存下来，成为了非常珍贵的历史资料。后来，张骞第二次出使西域，打通了汉朝通往西域的道路，被誉为“丝绸之路的开拓者”。

穿越阿尔卑斯山

ACROSS *the* ALPS

汉尼拔是迦太基的一名将军，他计划用战象攻击强大的罗马人。可难题是：雄伟的阿尔卑斯山挡住了他的去路。但谁又敢说，这支由 40 头大象组成的军队，就一定无法翻越这条山脉呢？

两座强大的城市

罗马的军事力量越来越强大，位于北非海岸的迦太基城也不容小视——它占领了意大利沿海的一些岛屿，但罗马也声称拥有这些岛屿的主权。两个国家协议不成，于是战争开始了。经过 20 年的战斗，双方都没能真正获胜，但事态却有所缓和，虽然每一方都在盘算着进行下一次战争。

攻击和报复

汉尼拔作为迦太基的大将军，通过种种伎俩，占领了西班牙的许多城市。诸如把蛇扔到敌人的船上，迫使对手投降。罗马人因此对汉尼拔怀恨在心，决定对他的家乡迦太基发起进攻。当时汉尼拔正在西班牙，无法守卫迦太基。他觉得此时最好的办法就是直接去进攻罗马。但如果想做到这一点，他必须带着军队翻越寒冷的阿尔卑斯山……

大象和阿尔卑斯山

公元前 218 年，汉尼拔带领着 40000 名士兵、8000 匹马和 40 头战象向群山进发，几乎没有人认为他会成功。战争还没开始，恶劣的气候就让汉尼拔折损了一半的人、马和大象。最终，一群大象朝着敌人冲去，场面十分震撼。汉尼拔胜利了吗？很遗憾，并没有。或许他们的英雄气概在艰难的行程中已经消耗殆尽。但不管怎么说，这一次不可思议的征途，似乎是在告诉罗马人，没有什么事情是不可能的。

“我要么找到出路，
要么创造出路。”

——汉尼拔

遥远的东方

THE FAR,FAR EAST

对欧洲人来说，亚洲是一个神秘而又陌生的地方，虽然各种东方神话层出不穷，但终究只是传说，很少有人真正知道在宏伟的亚欧大陆另一端发生的事情。除了征服了半个世界的蒙古战士之外，还有谁会有如此大的勇气，敢去到那样遥远的地方探险呢？

马可·波罗

1254年，马可·波罗出生在威尼斯的一个商人家庭，直到他15岁时，才见到常年在亚洲做生意的父亲和叔叔。两年后，马可·波罗跟随他们一起踏上了另一次旅程。他们历时24年，跨越了15000公里的惊人距离，马可·波罗穿过黑海和中亚国家，来到印度、斯里兰卡和中国，最终回到了威尼斯。他带回了亚洲各地鲜为人知的故事，被记录下来并出版了闻名于世的《马可·波罗游记》。

“我似乎被带进了另一个世界。”

——威廉修士

威廉修士

1248年，来自比利时佛兰德的威廉修士受命前往当时的大蒙古国都城哈拉和林，试图说服蒙古大汗信仰基督教。威廉修士骑在骡背上行进了数百公里，他住在蒙古人的帐篷里，敏锐地观察着蒙古人的饮食和生活习惯。他注意到人们喜欢喝马奶酒，但他宁愿吃自己带来的硬饼干。哈拉和林这座城市更是令他惊讶不已，那里不仅有着高大的建筑，还有游牧帐篷。他见到了来自世界各地的人，有被俘虏来的，也有自由前往的。后来，威廉修士和蒙古大汗进行了一场宗教辩论。但在成吉思汗的率领下，蒙古人已经征服了半个世界，他们哪里还需要信奉什么神灵呢？最终，威廉修士此行的目的并未达成。

伊本·巴图塔

IBN BATTUTA

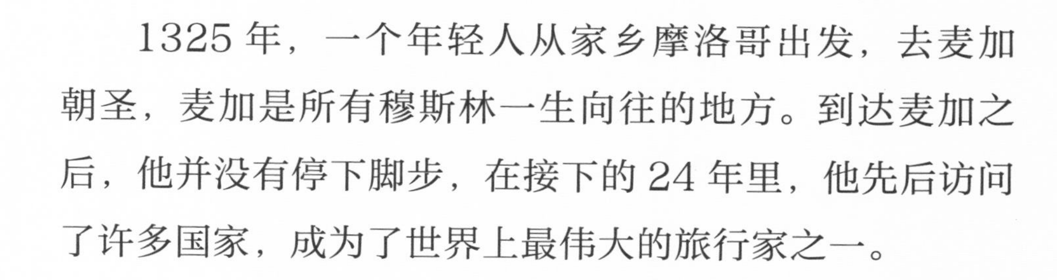

1325年，一个年轻人从家乡摩洛哥出发，去麦加朝圣，麦加是所有穆斯林一生向往的地方。到达麦加之后，他并没有停下脚步，在接下的24年里，他先后访问了许多国家，成为了世界上最伟大的旅行家之一。

朝圣

这个年轻人就是伊本·巴图塔，他出生在一个富裕的家庭，当他踏上朝圣之路时，就决定要一边探访新的地方，一边在旅途中学习。他访问了突尼斯、开罗、亚历山大、耶路撒冷和大马士革，从不走重复的路线。到达麦加后，他看到了许多来自其他国家的朝圣者，受此启发，他决定接着去探访那些异域国度。

向前

他穿过沙漠，从麦加来到巴格达，又航行到了蒙巴萨，返回中东后又去了黑海。在君士坦丁堡，拜占庭皇帝给了他一匹马、一副马鞍和一把遮阳伞。接着他游历了中亚和阿富汗，并到达了印度。

担任法官

由于具备伊斯兰学识和周游世界的经历，伊本·巴图塔在印度和马尔代夫时都曾担任过法官。当他作为大使从印度出发前往中国时，遭遇了袭击和风暴，这才辗转去了马尔代夫。后来他再次前往中国，这是他走出伊斯兰世界的第一大步。

归程

1349 年，伊本·巴图塔终于回到了家乡。很快，他又启程去了信奉伊斯兰教的西班牙和古老的沙漠城市廷巴克图。1354 年，他再次回国，这次他没有再离开。他的旅行经历被写成了一本书，书名是《给观察者的礼物：献给向往城市奇观和旅行奇迹的人》。书中讲述了他在各个国家和城市的见闻和奇遇，这本书通常被简称为《伊本·巴图塔游记》。这是一位令人惊叹的旅行者留下的一本令人惊叹的书。

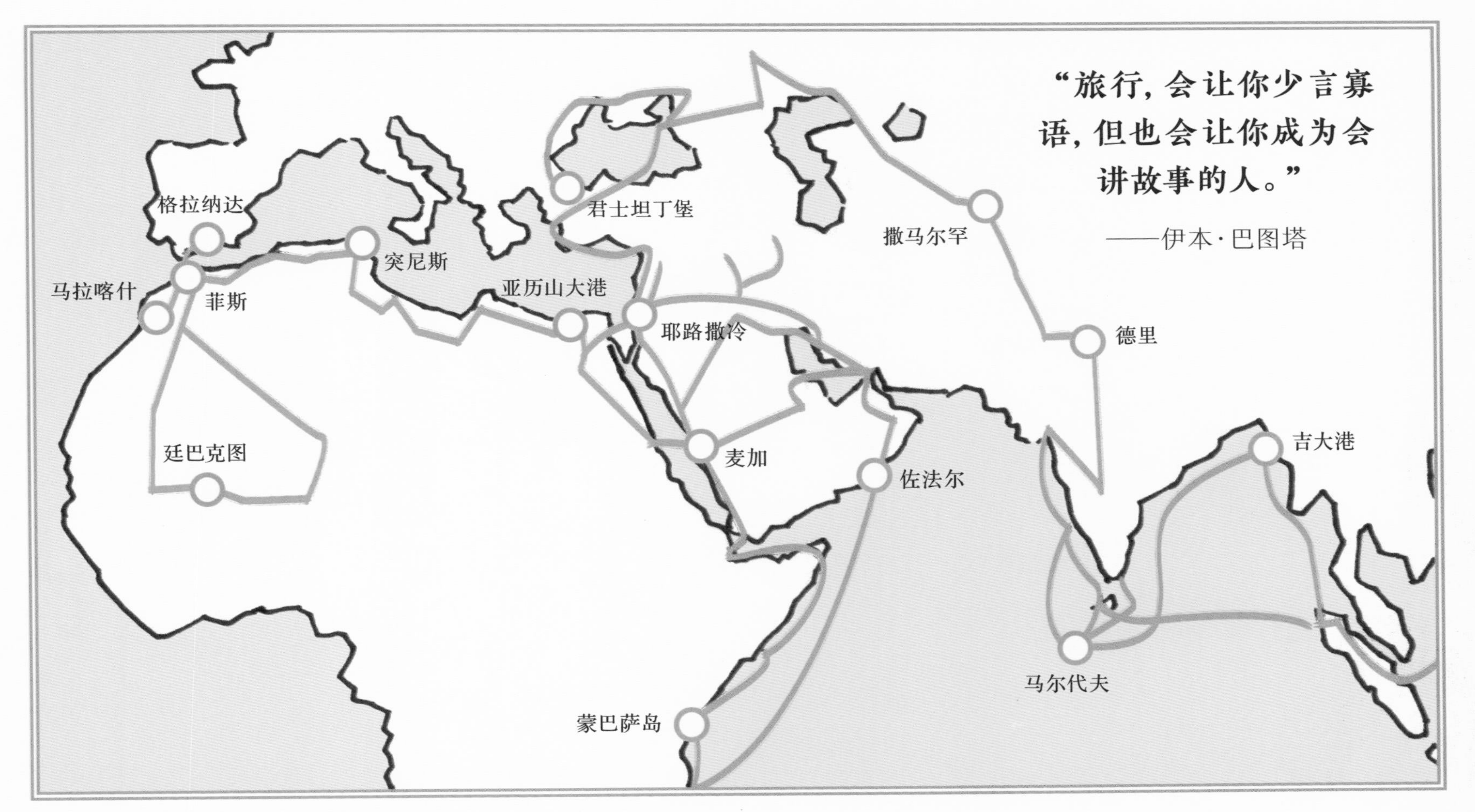

（此图仅作为路线示意图）

走入廷巴克图

TO TIMBUKTU

在西非的中心，有一座美丽的泥土之城——廷巴克图。对于那里的居民来说，这是一个富裕的贸易、工业和教育中心，但在外人看来，这里被撒哈拉沙漠阻隔，几乎是完全无法进入的。在很长一段时间里，这座城市是不允许非穆斯林进入的。18 世纪和 19 世纪，欧洲人十分渴望抵达这座神秘的城市，许多人甚至为此付出了生命……

“我是道路之子，商队就是我的国家，而我的一生是最意想不到的旅行。”

——利奥·阿非利加努斯

利奥·阿非利加努斯

利奥·阿非利加努斯是最早到达这座城市的外来者之一。他是一位外交官和地理学家，于 1494 年出生在西班牙，信奉伊斯兰教。他游历了非洲、欧洲和中东。他在《非洲叙事》一书中写到廷巴克图时，描述道："人们使用的货币不是硬币，而是金块。"可见当地的居民非常富有。

亚历山大·戈登·莱恩

1825 年，一个性格坚定的苏格兰人亚历山大·戈登·莱恩向廷巴克图出发了。他有非洲探险的经验，曾经试图到达尼日尔河的源头，虽然没有成功，但大致确定了位置。他搭乘骆驼商队和当地导游一起出发，穿越撒哈拉沙漠。起初一切都很顺利，后来，他在与当地人的冲突中失去了右臂，但依然顽强地活了下来，并抵达了廷巴克图。遗憾的是，他最终在沙漠深处被害，没能将自己的见闻讲给世人听。

雷内·凯利

两年后，法国人雷内·凯利出发了。他伪装成远行回家的埃及人，搭乘骆驼商队抵达了尼日尔河边的一个城镇。他在那里租了一条船，船夫将他带到了廷巴克图。与莱恩不同的是，凯利活了下来，回到法国后，他获得了 10000 法郎和一枚金牌作为奖赏。

狂野西部

THE WILD,WILD WEST

美国西部是一片辽阔的荒野地区，那里有山脉、森林、沙漠和大平原。美国人刘易斯和克拉克填补了这片地区在地图上的空白。但他们团队中最伟大的旅行者，却是一位名叫萨卡加维亚的美国土著女性……

1. 刘易斯和克拉克

1804年，托马斯·杰斐逊总统邀请梅里韦瑟·刘易斯参加穿越美国西部的探险。刘易斯当时只有29岁，经验有限，于是他和老朋友威廉·克拉克商量，希望可以一起领导这次探险，两人的权力完全平等。

2. 萨卡加维亚

探险队出发后，很快进入了偏远地带。怀有身孕的肖松尼族印第安部落妇女萨卡加维亚和她的丈夫也加入了队伍。不久后，她生下了一个男孩，便带着孩子一起跟随队伍前进，帮助探险队打开了通往前方的一道道大门。当地土著人看到探险队中有印第安妇女和孩子，也就不再那么害怕和提防他们了。

3. 荒野不荒

萨卡加维亚用土著手语与当地人交流，这是一种在不同族群间通用的交流方式。她引导探险队顺利穿越了这片荒野大地。刘易斯和克拉克发现，其实这“荒野”地带是很热闹的，他们看到了许多印第安人部落，还发现了62只灰熊，人和动物都没有对他们造成任何伤害！

4. 顺利抵达

后来，探险队找到了萨卡加维亚的肖松尼部落，这个部落为队伍提供了食物和马匹。他们继续出发，穿越多雪的落基山脉，食物吃完后，他们不得不靠吃马肉果腹。接着他们沿河航行，最终抵达了太平洋。就这样，他们成功地横穿了美洲大陆！

用耳朵环游世界

A SENSE *of the* WORLD

詹姆斯·霍尔曼一生中旅行的距离超过了 40 万公里，比环绕地球 10 圈还要长。这个纪录一直保持了一个多世纪——毫无疑问，他也是历史上最伟大的旅行家之一。而且，他还是一位“盲人旅行家”。

伤痛的身体

霍尔曼 12 岁时加入皇家海军，常年在海上生活的他，患上了风湿病，经常腿疼，严重时甚至无法下床，有时不得不靠拐杖行走。回到陆地后，他被授予“海军骑士”的称号。他的视力逐渐下降，25 岁时就完全失明了。作为一名有伤疾的海军，他住在温莎城堡，并得到了不错的照顾。但是霍尔曼不喜欢这样的生活，他对医生说，他想去法国呼吸新鲜空气，享受那里的灿烂阳光。

欧洲之旅

霍尔曼没有选择豪华游轮，而是在 1819 年乘坐一艘普通渡船去了法国。虽然一句法语也不会说，他还是会挥手拦下马匹或马车，坐着它们穿越乡村。霍尔曼喜欢骑马旅行，喜欢一路上听到的声音和闻到的气味。有时，他会在马车上拴一根绳子，抓着绳子跟在后面跑，以此锻炼身体。他觉得自己充满活力，对旅行乐此不疲，他接下来去了意大利、瑞士、德国和荷兰。

在俄罗斯继续前行

欧洲的旅行并没有让霍尔曼满足，他还想环游世界！几乎没人相信霍尔曼能做到，因为光是各种糟糕的路况就足够他应付了。当他到达莫斯科时，一些俄罗斯人再次嘲笑了他的计划，但他还是买下一辆小马车，雇了一位车夫，坐着马车穿越过沼泽和冰冻的荒野。有时，他会听到犯人镣铐发出的声响；有时，他会听到野熊的咆哮；还有那些总是饥饿难耐的蚊子！在西伯利亚，当地政府怀疑他是英国间谍而逮捕了他，这趟旅行被迫中断。

环游世界

不过，似乎没有什么能阻挡霍尔曼，他想方设法地走遍了非洲、南美、斯里兰卡、中国和澳大利亚。他对所有没去过的地方都充满向往。他探访了监狱，探查了矿山，甚至为刚刚落成的新建筑剪彩。为了证明自己的能力，他会在新船的船员面前爬到桅杆的顶上。水手们惊讶不已，一个失明的人是怎么做到这一点的！后来，他将自己的旅行见闻写成了畅销一时的书。遗憾的是，尽管他取得的成就是如此不可思议，如今却很少有人知道他了。

撒哈拉沙漠

IN SAHARAN SANDS

越是难以企及的地方，越让探险家们摩拳擦掌，说起来，还有比撒哈拉沙漠更有挑战性的地方吗？那里气候恶劣，当地人对外来人很不友好。不过，下面要说到的海因里希·巴特可不是一位普通的探险家……

1. 人民的学生

海因里希·巴特于 1821 年出生在德国，与其他那些前往非洲的探险家不同，巴特探险的兴趣并不在地图、荣誉、黄金、殖民地上，他只对不同文化的人着迷。出发去非洲前，巴特学习了多种语言。他此行的任务是对撒哈拉中部和苏丹地区的人与地点进行分类编目。对巴特来说，这真是一份梦寐以求的工作。

2. 独自一人

巴特所在的小组原本有 3 个人，他的同伴先后生病去世后，他只能独自一人继续前行。5 年的时间里，他穿越了非洲的偏远地区，行程超过 16000 公里。他探寻了古代骆驼商队的贸易路线、沙漠里的绿洲城镇、茫茫沙漠、牧牛成群的村落，还有游牧民族图阿雷格人的帐篷生活。对北非人来说，巴特脸上那浓密的大胡子可真是令人惊叹的奇观！

3. 平等待人的朋友

巴特常常停下来和当地人交流，这样就能更多地了解他所经过的这些国家。在廷巴克图，国王接见了他，他们聊到了许多遥远的地方。无论走到哪里，他总能与那里的人建立友谊。他平等地对待见到的每个人，这一点与当时的其他欧洲旅行者很是不同。他能流利地说 5 种非洲语言，还会说十几种其他语言。

4. 巴特博士，是你吧？

一次，巴特在一个偏远的地方一待就是几个月，很难把消息及时传回欧洲。太久没有他的消息，人们以为他发生了什么意外，便组织了一个搜索队去找他。当巴特遇到来寻找自己尸体的搜索队时，他得多么惊讶啊！作为巴特不可思议的冒险故事的结尾，我们来想象一下当时的情景吧！搜索队的成员大概会兴奋又小心翼翼地问道：“巴特博士，是你吧？”

驿马快信

THE PONY EXPRESS

美国西部是一片广袤无垠的荒野，那里有暴风雪、沙尘暴、野蛮的原始人等各种危险。即便如此，勇敢的冒险家们还是被这样一则广告所吸引：

“招聘：
出色的骑手，
如果你有冒险精神
且不怕死……”

穿越大陆

驿马快信是一个由马匹、人员和中转站组成的邮递系统，在美国密苏里州和加利福尼亚州之间传递邮件。这条约 3000 公里的路线横跨了大半个美国，要穿过大平原、落基山脉和内华达山脉，最快需要 10 天才能完成。

约翰尼·弗莱

驿马快信创立于 1860 年 4 月。年轻健壮又富有冒险精神的约翰尼·弗莱成为了首批骑手之一。他骑着马飞快地穿过平原，将邮件交给下一位骑手。这个大约由 100 人组成的团队，在任何天气条件下都要骑马行进。他们必须保护好装着邮件的邮袋，对于他们来说，邮件甚至比自己的生命还重要！

特殊递送

SPECIAL DELIVERY

亨利·布朗于1816年出生在美国弗吉尼亚州，他的父母是奴隶，他也是。他时刻都梦想着能获得自由，没想到这个梦想竟然在某一天以不同寻常的方式实现了……

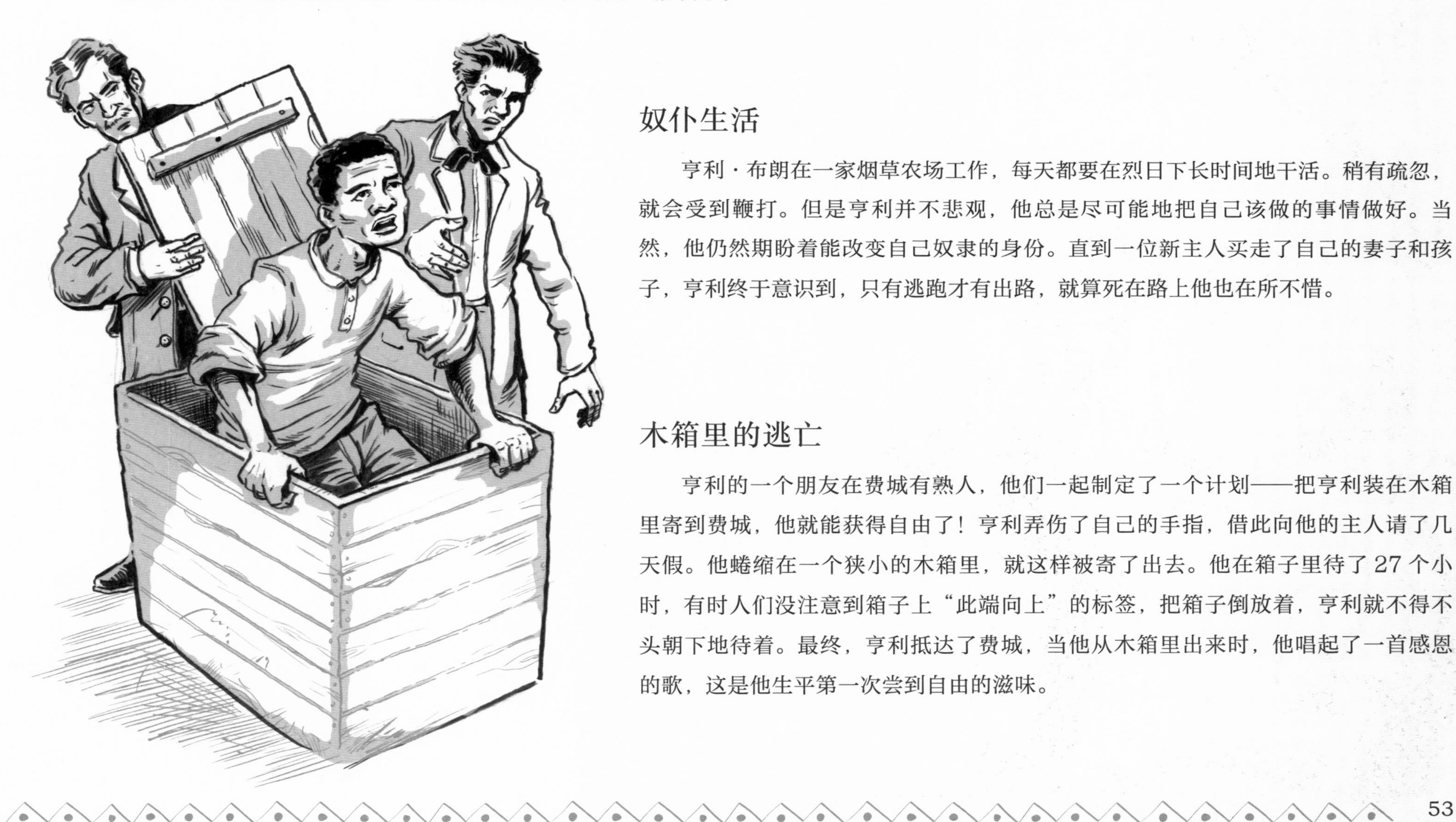

奴仆生活

亨利·布朗在一家烟草农场工作，每天都要在烈日下长时间地干活。稍有疏忽，就会受到鞭打。但是亨利并不悲观，他总是尽可能地把自己该做的事情做好。当然，他仍然期盼着能改变自己奴隶的身份。直到一位新主人买走了自己的妻子和孩子，亨利终于意识到，只有逃跑才有出路，就算死在路上他也在所不惜。

木箱里的逃亡

亨利的一个朋友在费城有熟人，他们一起制定了一个计划——把亨利装在木箱里寄到费城，他就能获得自由了！亨利弄伤了自己的手指，借此向他的主人请了几天假。他蜷缩在一个狭小的木箱里，就这样被寄了出去。他在箱子里待了27个小时，有时人们没注意到箱子上“此端向上”的标签，把箱子倒放着，亨利就不得不头朝下地待着。最终，亨利抵达了费城，当他从木箱里出来时，他唱起了一首感恩的歌，这是他生平第一次尝到自由的滋味。

穿越澳洲大陆

CROSSING *a* CONTINENT

由于澳大利亚地域辽阔，大多数人都认为它是一块完整的大陆，而不是一个岛屿。无论是从南到北，还是从东到西，想要跨越澳洲大陆，都是非常艰辛和漫长的。但再艰难的旅程，也会有勇敢的探险者迈出脚步。

伯克和威尔斯

1860 年，一支由 19 个人、27 只骆驼和 23 匹马组成的探险队，从墨尔本出发，想要跨过未知的土地，从南到北穿越澳洲大陆。到达内陆地区后，领队罗伯特 · 伯克和威廉 · 威尔斯决定组成一个 4 人小队，向北部海岸线发起冲刺，其余人先留在营地。他们穿过沙漠后，发现了咸水，这说明他们已经来到了澳大利亚的边缘！在这个过程中，他们损失了一名队员。当剩下的 3 个人历经千辛万苦回到之前的营地时，四周一片空荡荡，树上挂着一个写有“挖”字的牌子。伯克按照上面的提示挖到了一些补给和一张纸条。纸条上写着，团队的其他人已经在前一天离开了！艰难的路程让伯克他们疲惫不堪，频繁生病，不久后，伯克和威尔斯先后去世。仅一名队员活了下来，最后被搜索队找到。

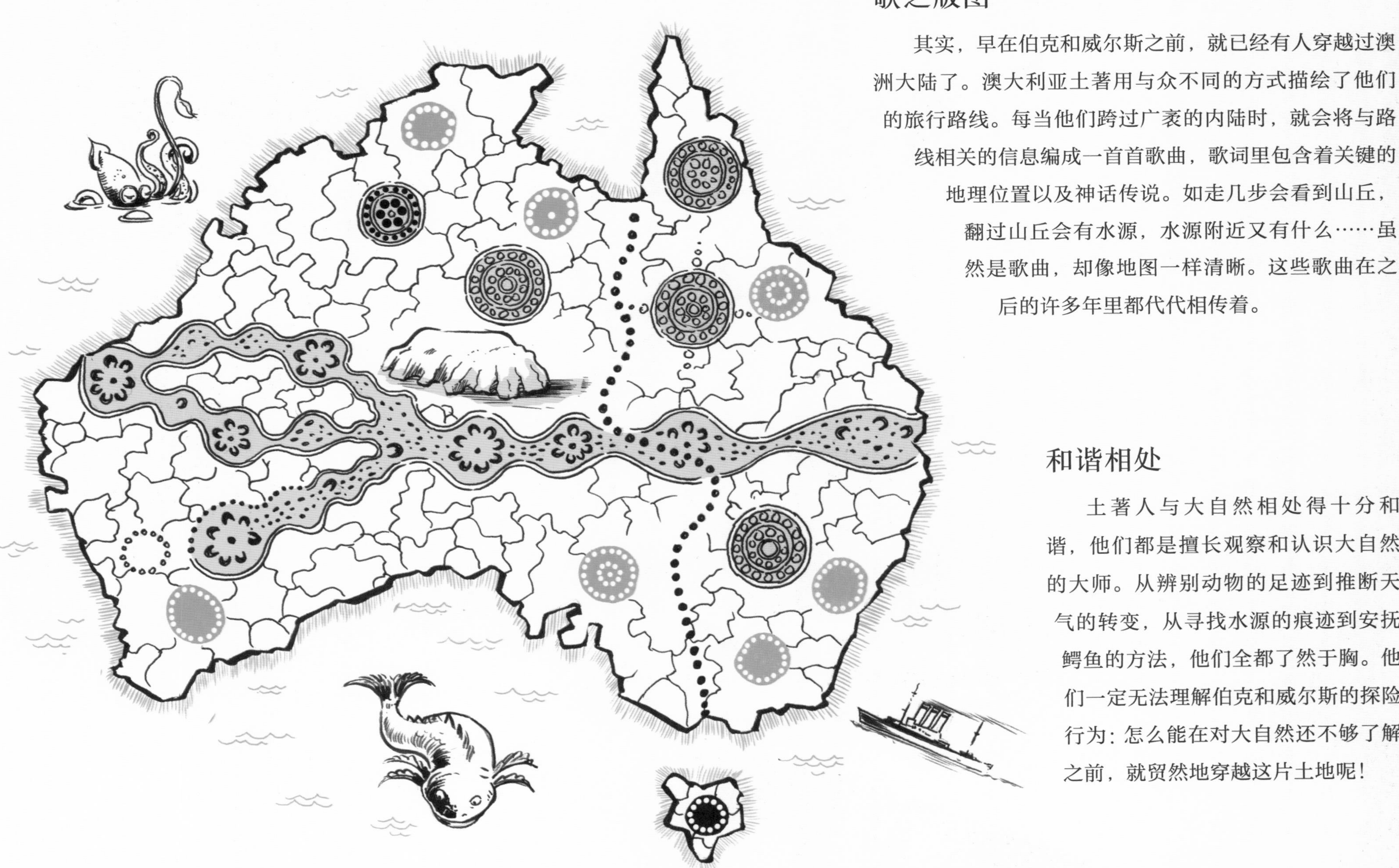

歌之版图

其实，早在伯克和威尔斯之前，就已经有人穿越过澳洲大陆了。澳大利亚土著用与众不同的方式描绘了他们的旅行路线。每当他们跨过广袤的内陆时，就会将与路线相关的信息编成一首首歌曲，歌词里包含着关键的地理位置以及神话传说。如走几步会看到山丘，翻过山丘会有水源，水源附近又有什么……虽然是歌曲，却像地图一样清晰。这些歌曲在之后的许多年里都代代相传着。

和谐相处

土著人与大自然相处得十分和谐，他们都是擅长观察和认识大自然的大师。从辨别动物的足迹到推断天气的转变，从寻找水源的痕迹到安抚鳄鱼的方法，他们全都了然于胸。他们一定无法理解伯克和威尔斯的探险行为：怎么能在对大自然还不够了解之前，就贸然地穿越这片土地呢！

1. 与众不同

玛丽安·诺斯的父亲是当时英国的一名议员，同维多利亚时期的大多数女性一样，诺斯从小被要求各方面举止得体，等到合适的年龄就可以嫁人。大多数情况下，她都愿意顺从大人们的要求，唯独在婚姻这件事情上，她表示拒绝。为了不让父亲逼迫自己，诺斯和父亲一起分享对植物和旅游的热爱，成了父亲最好的朋友。1865 年到 1867 年，她和父亲一起前往叙利亚和尼罗河，这些冒险经历让她渴望能去更远的地方探索。

2. 植物画家

相比于画画，小时候的诺斯更喜欢唱歌。但在上了一节油画课后，她就立刻爱上了这门艺术。1869 年，诺斯的父亲去世了。喜欢画画，喜欢植物，又喜欢旅行的诺斯决定离开英国，周游世界，为生长在荒凉地带的那些“奇特植物”画像。

给植物画像

PAINTING PLANTS

在维多利亚时代，人们认为结婚生子是女性的首要任务。但玛丽安·诺斯可不这样想，她把婚姻称为“可怕的实验”。她毅然决然地踏上了另一条道路，去世界上最荒凉的地方，给那里的植物画像。

3. 花的世界

诺斯世界之旅的第一站是美国，第二站是牙买加。在牙买加，她进行了每天 12 小时、长达 10 年的绘画工作。诺斯还去过巴西、特内里费、日本、新加坡、婆罗洲、斯里兰卡、印度和南非。在达尔文的建议下，她又去了澳大利亚、新西兰和塔斯马尼亚。当其他博物学家将挖掘的植物和射杀的动物带回伦敦时，诺斯却用精美的绘画记录下见到的每一个物种。

4. 基尤皇家植物园

回到英国后，诺斯询问基尤皇家植物园，是否可以在院内建一个画廊来展示自己的作品，顺便出售茶水、咖啡和饼干等。但植物园的主管只同意建画廊，不允许出售茶点，因为这里是严肃的科学研究场所。有趣的是，诺斯特意把自己那些关于茶树和咖啡植物的画作挂在了画廊入口，这样游客就可以在画廊里“品尝”到茶和咖啡了！

利文斯通和斯坦利

LIVINGSTONE *and* STANLEY

1871 年，两位非洲探险史上最闻名遐迩的探险家在坦噶尼喀湖岸边的乌吉吉小镇相遇了，正因为这次相遇，才有了历史上最著名的问候语之一:“如果我没猜错的话，你是利文斯通医生吧?”这两位探险家是谁?他们又为什么会在非洲的中心相遇呢?

1. 大卫·利文斯通

大卫·利文斯通是一名英国探险家，也是一名“医学传教士”。他沿途用西医的诊疗方法为当地人提供医疗帮助，同时宣传基督教。与当时许多非常富有的探险家不同，利文斯通来自于苏格兰的一个贫困家庭，他很想终结奴隶制。他认为如果自己能成为最著名的非洲探险家，再去说服人们，一定就容易多了。因此，他决定走进非洲大陆的心脏深处，寻找尼罗河的源头。

2. 或许他只是迷路了

在去尼罗河之前，利文斯通先探寻了赞比西河。他认为这两条河都能成为通往非洲内陆的贸易通道，让货物贸易取代人口贩卖。他在桑给巴尔岛招募了当地的冒险家，开始寻找尼罗河的源头。最终，他到达了马拉维湖，但同行的大部分船员都离开了，许多药品也被偷盗一空。那些回到家乡的船员甚至告诉人们，利文斯通已经死了。

3. 传奇会面

亨利·莫顿·斯坦利是一名出生在威尔士的美国人，在成为记者之前，他当过兵，也做过水手。他所在的报社认为利文斯通可能还活着，于是派他去非洲寻找。斯坦利的旅程从桑给巴尔岛开始，他在那里雇佣了 111 个人，他们一起穿越了 1000 多公里的热带雨林，雨林里各种致命的昆虫让不少人因此丧命。最终，他们在乌吉吉找到了还活着的利文斯通，而斯坦利就是在这里说出了那句著名的问候语:“如果我没猜错的话，你是利文斯通医生吧?”

4. 士兵斯坦利

斯坦利凭借自己的努力成为了一名探险家。他绘制了维多利亚湖的地图，并确认了这里是尼罗河的源头，还从源头直到出海口探寻了整条刚果河。他的非洲和欧洲同事在旅途中接二连三地死于疟疾，他却幸运地活了下来，大概是他的血液不合蚊子的口味吧。他穿越非洲中部的经历及其精彩的著作，使他成为被世人铭记的最伟大的非洲探险家之一。

和平朝访

PILGRIMAGE *of* PEACE

萨提斯·库玛的人生就是一段非凡的旅程。9 岁时，他离开家来到印度，成为了一名耆（qí）那教的僧侣。18 岁时，他选择逃离，去寻找新的人生道路。在农场和政界分别工作了一段时间后，他决定开始一段前所未有的旅程……

迈出第一步

那是 1962 年，世界正在经历一场冷战，潜伏着核爆炸的危险。萨提斯觉得自己不能无动于衷，必须做点儿什么。他和一位朋友决定踏上和平朝访之路，步行去会见其中 4 个主要核国家的领导人，传达“要和平，不要战争”的理念。两个人在旅途中不带钱，也不吃肉，依靠陌生人的帮助完成整个行程。

一杯好茶

前往莫斯科之前，他们在亚洲受到了热烈的欢迎。在亚美尼亚，他们参观了一家茶厂，一名工人递给萨提斯 4 包茶，请他转交给 4 个国家的领导人，并说：“在他们想按下核按钮之前，请先停下来，喝上一杯茶，或许他们会改变主意。”

“说到底，困难只不过是需要克服的事情而已。”

——欧内斯特·沙克尔顿

冰与雪的征途

ICE *and* SNOW

位于地球两端的南极和北极，吸引着许多探险家。那里极其偏远，条件又十分恶劣，或许只有世界上最强壮、最勇敢的探险者，才能顺利抵达并活着回来。有人对极地心生向往，但也有人执着于在冰冷的海域里铺设连接各大洲的电缆线路，还有人渴望到达被冰雪覆盖的珠穆朗玛峰和格陵兰岛。

铺设电缆

THE CABLE GUYS

19 世纪 60 年代，人们梦想能用电缆来传递信息，把世界连接起来。只需要几分钟就可以把消息传递给对方，而不再是几个月，这将改变整个世界的通讯方式。这个意义非凡的项目也是借助史诗般的旅行来实现的，步行、狗拉雪橇，以及骑马穿过世界上最偏远的地区。

1. 陆上电缆

最开始，人们想在大西洋水下铺设电缆，但没能成功，于是人们开始尝试在陆地上铺设。这条电缆线路需要向北穿过阿拉斯加，再穿过白令海峡，然后向南穿过俄罗斯远东地区，与海参崴和中国的电缆相连接。所经之处都是不为人所知、没有道路且冰雪交加的地区，需要无畏的探路者去开辟出这条路线。

2. 穿过阿拉斯加

佩里·柯林斯是俄美电报公司的负责人。公司成立后，铺设电缆的工作也随之启动。在挖洞放置电线杆之前，必须先点燃火把地面的冰层烧化。虽然条件十分艰苦，但铺设工作仍在持续推进。1865 年，正是这段铺好的电缆，将亚伯拉罕·林肯总统遇刺的消息以电报的形式传递了出去。

3. 穿越未知地带

俄罗斯方面有一名叫乔治·凯南的工人，年仅 20 岁。他以前并没有铺设电缆的经验，也不会说当地的语言。不过他富有冒险精神，而且充满热情，深得人们的信任。为了开辟铺设电缆的路线，他靠驾驶雪橇、骑马或是完全步行的方式，穿越了数千英里的未知荒野。有时他住在游牧民族的帐篷里，有时就在野外露宿。

4. 海底电缆

1867 年，人们成功地在大西洋海底铺设了一条电缆。信息可以在几分钟内传遍各大洲，通信事业的革命就这样到来了！这也意味着，不再需要在陆地上铺设电缆了。讽刺的是，将近一年后，还在辛苦铺设陆地电缆的工人们才得知这个消息！不过，他们的辛劳并没有白白付出，这些探索为人们带回了未开发地区和当地人民的故事。

西北航道

THE NORTHWEST PASSAGE

欧洲人渴望找到更便捷的通往亚洲的贸易航线，这样他们就有机会获得更多的丝绸和香料。探险家们曾探寻过一条穿越美洲大陆北端的路线，但这一过程耗时长达 400 年……

富兰克林的失败

1845 年，英国人约翰·富兰克林带着充足的食物和一百多位船员，驾船从伦敦出发。他预计航行到未开发的海岸，距离不会超过 500 公里。然而，他们的船在途中被困在冰里无法离开，船员们不得不步行前往安全的地方。悲惨的是，这次航行没有一个生还者。

阿蒙森的成功

1903 年，挪威探险家罗尔德·阿蒙森决定采取另一种方法开始这次探险。早期的探险队都是选用大型船，再带上大量的船员和数以吨计的物资。阿蒙森选择乘坐一艘小船，只带了 6 个人和很少的物资就出发了。他们在靠近海岸线的地方停靠，向当地的因纽特人学习捕捉鱼类和海豹的本领。一旦船被冻住，他们就与当地人一起生活，一边学习各种技能，一边平静地等待冰雪融化。1906 年，他终于完成了这趟旅程，打通了前往亚洲的西北航道。

东北航道

THE NORTHEAST PASSAGE

打通西北航道后，探险家们又把目光投向了东北航道。在短暂的夏季里，趁着海面还没结冰，航行穿过俄罗斯的北端，这个计划能实现吗？这也可能成为一条重要的贸易航线。

近代的成功

弗里乔夫·南森和维塔斯·白令都是最早探索东北航道的探险家中的一员，他们用顺利的航行证明了这条航线是可行的。然而，完整航行东北航道第一人的荣誉，却属于芬兰探险家阿道夫·埃里克·诺登斯基，他在1878年的维加远征中完成了从西向东的航行。

久远的穿越

葡萄牙船长大卫·梅尔盖罗可能在17世纪60年代就已经探索过东北航道。据说他的船PAI ETERNO（意为“永恒之父”）曾穿越北冰洋，从日本航行到葡萄牙。天气数据表明这是可行的，因为1660年左右，有两个世纪以来最热的夏季，他们可能正是趁着那个无冰的夏季穿越了这条航线。

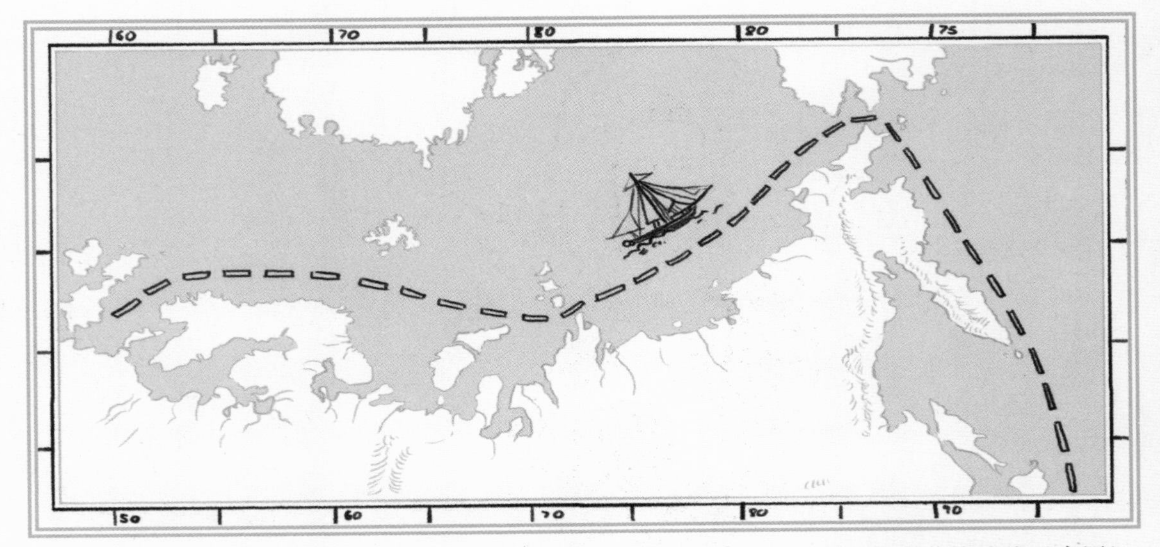

（此图仅作为路线示意图）

南极竞赛

RACE *to the* SOUTH POLE

力争成为第一个站在世界极地之上的人，是许多探险家们追求的终极目标。20 世纪初，南极洲成了最吸引探险家的地方。在其他人相继失败后，有两支队伍于 1911 年先后出发，书写了勇敢又悲壮的探险故事。

罗尔德·阿蒙森

在“西北航道”的部分，我们认识了挪威探险家罗尔德·阿蒙森。这一次，他精心挑选了健康强壮的队员，做好周密的探险规划，向南极进发。他们穿着因纽特风格的皮毛衣服，之前的探险经历让他学会了如何使用雪橇狗，于是，他们用狗拉雪橇的方法开拓出了第一条 250 公里长的路线，并用挪威滑雪旗标记了出来。尽管他非常钟爱狗，但在缺乏食物的情况下，不得不把体弱的狗喂给强壮的狗。就这样，阿蒙森终于在 1911 年 12 月 14 日抵达南极，并在那里升起了挪威国旗。

斯科特上尉

在阿蒙森向南极行进的同时，罗伯特·福尔肯·斯科特船长也正率领着一支英国探险队赶往南极。他也带上了狗群，却缺乏驾驭狗群的经验，还认为小马比狗更合适在极地行走；他带了机动雪橇，却没带能熟练操作和修理雪橇的工程师；不仅如此，他们准备的食物也满足不了营养上的需求；标记路线时，也不如阿蒙森细心；他还让队员带着沉重的化石标本前进。最后，包括斯科特在内的5名勇士组成小队，向极地发起冲刺。当他们到达后，看到了挪威国旗和阿蒙森留下的信，这一切表明他们已经不是第一个到达南极点的人。他们在伤心中返程，却不幸在暴风雪中迷失了方向，最终永远倒在了离安全地带仅仅17公里的坚冰上。

儿时梦想

小时候的白濑矗就梦想着能去极地探险。他在寺庙学校学习时，对极地进行了充分的研究。为了以后能适应极端环境，他给自己订下了 5 条戒律：不喝酒，不抽烟，不喝茶，不喝汤，即使天气寒冷也不在火旁取暖。长大后，虽然募集资金和船员时困难重重，但坚定的决心使他最终得以梦想成真。

向南航行

1911 年，白濑矗登上“开南丸号”起航了，这艘船只有斯科特和阿蒙森所用船只的一半大。当他们停靠在新西兰获取补给时，人们都在质疑靠这样的船怎么能完成如此艰难的行程。第一次出航时，船被海冰挡住，白濑矗不得不掉头回到澳大利亚过冬，等待情况好转。第二次航行，这艘小船在南极海岸的鲸鱼湾靠岸，白濑矗和同伴们踏上了这块冰冷的大陆——他们是踏上南极的第一批亚洲人。

别忘记我

FORGET ME NOT

提到成功到达南极点的人，很多人都会想起那两支伟大的队伍，想到罗尔德·阿蒙森的胜利和罗伯特·福尔肯·斯科特船长的悲剧。其实，在他们向极地赛跑的同期，还有一支由日本探险家白濑矗（chù）率领的探险队，正在向着同一个目标前进。

突击巡逻队

当时，探险队兵分两路，一队乘船继续考察南极沿海地区，白濑矗带领另一支“突击巡逻队”登陆，向内陆进发。他们雇佣阿伊努人驾着狗拉的雪橇，抵达了南纬 80 度的地方，并在那里升起了日本国旗。尽管条件恶劣，探险队依然完成了许多科考工作，他们采集岩石样本，录制影像，绘制沿海地区的地图，且整个队伍中没有一个人丧生。

别忘记我

虽然同期到达南极的队伍一共有 3 个，阿蒙森团队在返程的路上还遇到了白濑矗的开南丸号。人们记得阿蒙森和斯科特，却常常把白濑矗带领的这支队伍遗忘。那时，很多国家对日本的远征活动都不太看好。直到 99 年后，白濑矗的探险笔记才得以用英文出版。不管怎样，作为勇敢奔赴极地，坚持完成科考工作的探险队伍，他们值得被尊重和铭记。

沙克尔顿的旅程

SHACKLETON'S JOURNEY

沙克尔顿的旅程是有史以来最值得称赞的冒险故事之一。为了逃脱船被困在极地冻冰里的这一困境，沙克尔顿带领船员采取了有勇有谋的自救行动。在波涛汹涌的海面上奋力前行的危险程度远远超过陆路旅行，无论在他们之前还是之后，都极少有人尝试过这种程度的艰辛和危险。

“坚忍之心，可以让我们征服一切困难。”

——欧内斯特·沙克尔顿

南极探险

1901 年，爱尔兰人欧内斯特·沙克尔顿与探险家斯科特一起前往南极探险，他们来到了当时人们所能到达的最接近南极的地方。由于身体原因，他们被迫返回。7 年后，沙克尔顿率领自己的探险团队再次出发，这次探险到达的位置更加接近南极点。

被冻冰困住

在阿蒙森于 1911 年到达南极点后，沙克尔顿为自己设定了一个新的目标：穿越整个南极大陆，创造新的“第一”。1914 年，他和船员驾驶着“坚忍号”驶向南极。不幸的是，船被浮冰困住，无法离开。船员们耐心地等待着，但是冰的压力最终使船体破裂，他们在船沉没之前卸下了船上的物资和救生艇，转移到冰上扎营。

大象岛

沙克尔顿和船员们在冰面上漂流着，直到漂入汪洋大海。当时，他们离哪边的陆地都非常远，所以他们最终能依靠救生艇抵达陆地，这真是个奇迹！他们登上了荒无人烟的大象岛，那里离最近的有人居住的地方也有 1000 多公里远。他们把救生艇翻转过来当休息的小屋，靠捕猎海豹和企鹅果腹。

全员回归

为了寻求帮助，沙克尔顿带着 5 名队员乘坐一艘救生艇向南乔治亚岛驶去。在南乔治亚岛登陆后，他又带着其中两个人，历时 36 小时，翻越 80 多公里的冰雪山脉，跌跌撞撞地来到了挪威的一个捕鲸站。在那里，他们受到了英雄般的欢迎。留在南乔治亚岛和大象岛的船员也都获救了——整个探险队没有一个人丧生。

登上世界之巅

ON TOP *of the* WORLD

珠穆朗玛峰是地球上最高的山峰。1953 年，新西兰人埃德蒙・希拉里和尼泊尔夏尔巴人丹增・诺盖首次登顶珠穆朗玛峰。从在山脚下平静地生活，到破纪录登上山顶，这趟登顶之旅充满着不易……

牦牛牧民

丹增・诺盖出生在珠穆朗玛峰下的山谷中，他们一家都是尼泊尔夏尔巴人，族民们生活在一起，以牛为生。常年生活在高海拔地区，使夏尔巴人非常擅长攀爬山峰。瑞士登山队的雷蒙德・兰伯特正是发现了诺盖的这一非凡能力，招募他加入队伍，两个人一起攀登到了 8600 米的高度，打破了在这之前所有的纪录。

养蜂人

在数千公里以外的澳大利亚，养蜂人埃德蒙・希拉里喜欢攀登新西兰的南阿尔卑斯山。他读过乔治・马洛里的故事，知道他曾在 20 世纪 20 年代时勇敢地攀登过珠穆朗玛峰。当时，他差点儿就成功了，却最终消失在峰顶附近。希拉里还得知了兰伯特和诺盖也差点儿到达峰顶的消息。他由此推断，只要拥有出色的团队，选择正确的时间和正确的地点，登顶是完全可能实现的。

梦之队

1953 年，诺盖和希拉里跟随英国登山队一同出发。诺盖有攀登珠穆朗玛峰的经验，希拉里则能准确计算出攀登的速度和剩余的氧气总量。此外，他们还吸纳了之前瑞士登山队的经验，知道应该在哪里部署基地和补充给养。还有一个重要的成功因素，他们配备了当时最新的高科技装备。

登上世界顶峰

诺盖和希拉里在 8400 米的高度度过了登顶前的最后一夜。那里的气温大约是零下 27 摄氏度，在如此寒冷的环境下是很难入睡的。凌晨 4 点，他们喝了一杯热饮就出发了。为了节省宝贵的氧气，他们几乎不说话。上午 11 点多，他们终于站在了世界之巅的顶峰。希拉里想与诺盖握手，诺盖却用拥抱来回应。正因为他们的密切配合，这个看似不可能的任务才最终得以完成。

“这是一条漫长的道路。”

——丹增·诺盖

格陵兰岛的非洲人

AN AFRICAN *in* GREENLAND

泰蒂－米歇尔·克波马斯西在多哥共和国的一间泥土房里长大，过着采集椰子和猎取蜥蜴的生活。一次偶然的机会，他读到了一本描写冰天雪地的书，深深被书里的景象所吸引，他下定决心，一定要踏上那片遥远的土地……

来自非洲

一天，十几岁的泰蒂－米歇尔像往常一样爬上了高高的椰子树，没想到被蛇惊吓到，从树上掉了下来。养伤期间，泰蒂－米歇尔偶然读到了一本印有格陵兰岛精美插图的书。不久后，他离开家乡，去探访书上的那个神奇世界。

去往格陵兰岛

12 年后，也就是 20 世纪 60 年代中期，泰蒂－米歇尔终于航行到了梦寐以求的地方——格陵兰岛。他与几个格陵兰家庭一起度过了一段时光。在这里，他见到了深受父母宠爱的孩子，这与他自己严厉的家庭很不一样。但在周游完这个国家后，他发现了人与人之间更多的相似之处，家乡的人与这里的人一样，大多善良、友好，对美好的故事都充满着喜爱。

“当别人正在做某件事情时，你绝对不要阻止说：这是不可能完成的。”

——阿米莉亚·埃尔哈特

海底到太空的征途

SEA *and* SPACE

机器给人类生活的方方面面都带来了很大的帮助，在出行上也不例外。自从有了轮子，人们就梦想着能用它制造出更多设备，以便能走得更快、更远，也更加舒服。很快，人类就制造出了各种新式的机器，用来征服陆地、海洋、天空，甚至是太空，各种新型的驾驶员、飞行员和机械师也应运而生。让我们来看看这些高科技探险家和他们的旅行装备吧！

骑自行车环游世界

AROUND *the* WORLD *by* BIKE

1884 年，还没有人骑自行车跨越过美国，更不用说骑着自行车环游世界了。那时道路条件非常差，各处土匪猖獗。托马斯·史蒂文斯只带了一件雨衣、一套换洗衣服和一把防身用的袖珍左轮手枪，就骑着当时的老式高轮自行车出发了。几乎没人认为他能成功，毕竟等待他的除了广阔的无路地带、炙热烤人的沙漠、充满敌意的土著人，还有各种危险的野生动植物。

跨越美国

史蒂文斯从旧金山出发，首先骑车翻越了内华达山脉，然后穿过了大平原。他沿着马车留下的轨迹骑行，有时周围都是岩石地面，他就跃上铁轨，骑着车在木枕上颠簸前行。在这场跨越美国的旅程中，差不多三分之一的路程都是靠步行完成的，最后，他成功抵达了波士顿。

穿越欧洲

穿越欧洲时，当地的“骑脚踏车人”组织护送他穿过了英国、法国、德国、奥地利、匈牙利、斯洛文尼亚、塞尔维亚、保加利亚、鲁米利亚和土耳其。欧洲的道路状况比较好，这令他一路情绪高昂。尽管语言不通，他仍与一名匈牙利自行车手建立了友谊。

到达亚洲

史蒂文斯骑自行车穿过土耳其，途中还与当地骑马的村民赛跑，然后进入了伊朗。由于阿富汗警方拒绝他入境，他只好乘船回到了君士坦丁堡（现在的伊斯坦布尔），然后去了印度、中国，最后穿越了日本。

回到家乡

1886 年，史蒂文斯回到了家乡，那时，一种小轮子的“安全自行车”已经问世了。两年后，约翰·邓洛普发明了充气轮胎，这意味着高轮自行车时代终将结束。虽然史蒂文斯当时根本想不到这些，但他的骑车环球之旅，正是以一种最隆重的方式，向旧式自行车告别。

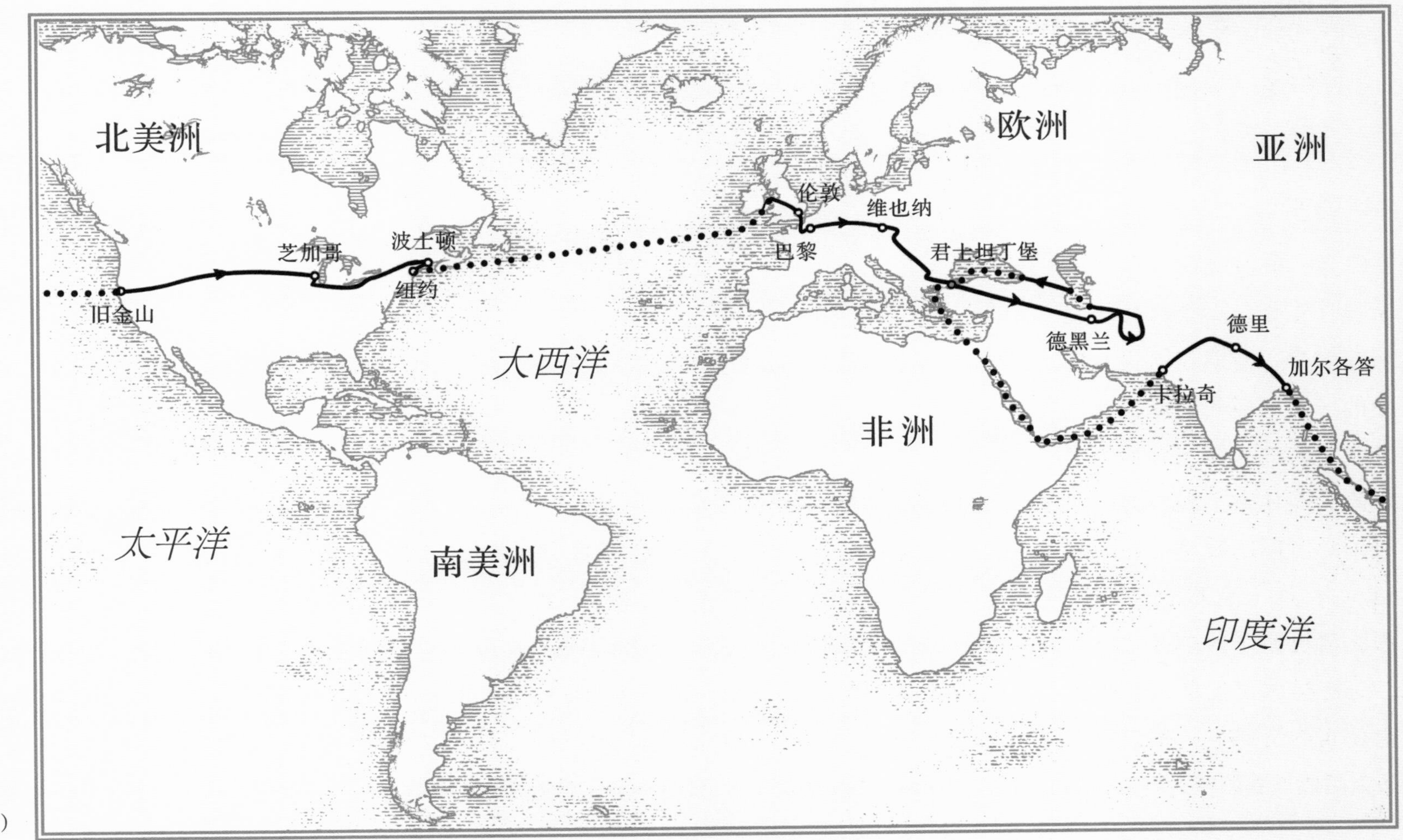

（此图仅作为路线示意图）

72 天环游地球

AROUND *the* WORLD *in* 72 DAYS

法国小说家儒勒·凡尔纳的作品《80 天环游地球》，一经出版就引起了轰动。横跨美国和印度的新铁路修好了，让欧洲到亚洲的航线变得更短的苏伊士运河开通了……这一切让世界骤然变小！因此，小说中写到的那种在特定时间内完成的环球之旅，迟早会有人真正去实践一次。

冒险精神

娜莉·布莱曾在匹兹堡的一家报社工作，那个时代的女记者非常少，而娜莉恰恰就是其中的一员。报社的编辑希望她专注于时尚和园艺领域，喜欢冒险的她却跑去墨西哥收集一些耸人听闻的故事！后来娜莉进入了另一家报社工作，她假装自己疯了，住进了疯人院，而这样做仅仅是为了收集到更真实的资料进行报道。这是多么勇敢无畏的行为啊！

舍我其谁

娜莉萌生了一个大胆的想法：用自己的实际行动，来实现儒勒·凡尔纳笔下《80 天环游地球》的故事，并打破书中主人公菲利亚斯·福格的旅行纪录。她的编辑很喜欢这个想法，可他觉得应该找一位男性来完成。“那好吧，”娜莉说，“那就请另外找一名男子，我将在同一天在另一份报纸上启动这个计划，然后将他打败。”报社看出了娜莉坚定的决心，最终决定还是派她出发！

在路上

娜莉出发了。她带了几件衣服，把黄金和现金放在一个小包里，系在脖子上。她先从纽约航行到英国，然后到法国，还曾在那里和儒勒·凡尔纳一起喝茶！接着她坐火车去了意大利，再乘船去了埃及、也门，最后到了斯里兰卡……她已穿越了半个地球，仍在为完成这场挑战而全力以赴。

胜利凯旋

她航行到马来西亚、新加坡和中国香港，又穿过波涛汹涌的大海去了日本，再从横滨到达旧金山，坐着火车穿越美国。在所到的每个城市，她都受到了英雄般的欢迎。只用了 72 天，她就回到纽约，完成了这趟环游世界的旅程。

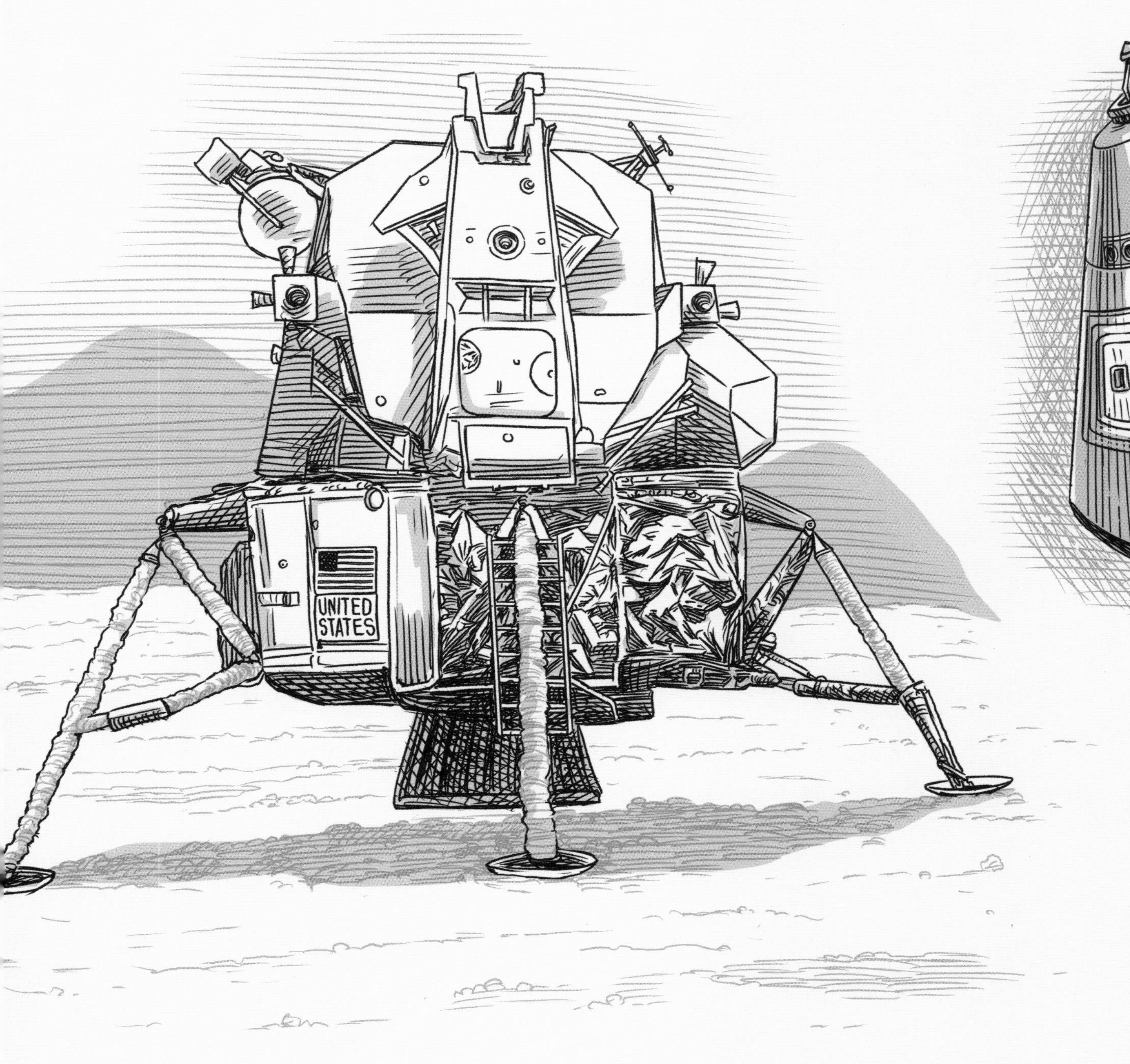

“这是我个人的一小步，但却是全人类的一大步。”

——尼尔·阿姆斯特朗

不一样的奉献

迈克尔·柯林斯是执行这次登月任务的另一名宇航员，当他的搭档们踏上月球时，他正独自一人在指令舱里绕着月球飞行。那是怎样一种感受呢？在沿着轨道飞行的48分钟里，他与在月球或地球上的同事都无法取得任何联系。或许人类所有已知的孤独都无法与他当时的孤独相比吧！他会嫉妒在月球上行走的搭档吗？不，他为自己在任务中所担当的角色深感自豪，即使没能踏上月球，他仍然被浩瀚的太空所折服，眼前如此超凡的视野让他心醉神迷。

下一次征途，会是哪里？

WHEREVER NEXT?

我们已经潜入了海洋的深处，也登上了高山的顶峰，那么，接下来的奇迹之旅，会发生在哪里呢？随着科技的进步，世界变得越来越小，有人开车去北极，也有人坐着破冰船前往。坚持传统的人，喜欢用古老的技术，重现曾经的旅程；而坚持单枪匹马行动的人，目标就是在没有任何帮助或陪伴的情况下，成为第一个到达特定地点的人。

对于人类来说，目前最显而易见的前沿领域就是太空，火星似乎成为了留下人类足迹的下一个候选地。谁会身着宇航服前往火星？他乘坐的星际飞船会是什么样子？说不定第一个登上火星的人，就在这本书的读者之中呢！当然，每个人都有自己梦想的旅程，这些旅程也一定会像书里讲过的那些故事一样了不起。梦想再小，也能鼓舞人心。让我们以梦为马，一步一个脚印地前进，踏上自己的梦想征途吧！

由此启程，探索人类的星辰与大海

与《征途：人类的星辰与大海》（以下简称《征途》）一书的缘分由来已久，最早在英国小老虎出版社的书目中看到这本书时，就很感兴趣。虽是探险主题，却趣味十足，复古大气的绘画风格，令人过目难忘。没想到，不久之后，我竟幸运地成为了这本书的编辑。

“探险”这样的字眼，听起来已经离我们的生活越来越远了。人类的足迹似乎早已踏遍地球的每一个角落，这个世界还需要探险吗？还会有探险家吗？探险的故事还需要讲给孩子们听吗？答案是肯定的。

虽然科技的进步让世界变得越来越小，但对于广袤的海洋来说，人类就像一滴水一样渺小；对于无垠的宇宙来说，地球不过是微不足道的一个点。未知的世界还有无数秘密等着人类去发现。

这本书中讲到了近80位探险家的故事，从我们耳熟能详的张骞、马可·波罗、哥伦布、麦哲伦……到那些你可能听都没听过的探险家，恩里克、冯·洪堡、利文斯通。

这其中，有伟大的探险历程，有无畏的探险精神，还有一些可能不同于你以往认知的故事。比如，大多数人都认为哥伦布是美洲的发现者，事实上他并不知道自己当时登上的是一个全新的大陆，坚持认为自己身在亚洲。发现美洲这一荣誉属于另外一位意大利航海家——亚美利哥·韦斯普奇。

在这本书中，像这样带给人新认知的小故事数不胜数，让孩子在阅读中既能收获知识，又能开拓眼界。

从靠狩猎和采集为生的远古时代，到通过远洋船只开拓世界的近代，再到运用先进科技探索未知领域的现代……这本《征途》通过讲述人类历史上伟大的探险家的故事，将人类征服地球各个领域、不断发展进步的历史浓缩在里面，带小读者了解人类世界的探索史、文明进步史和科技发展史。宏大的历史叙事和历史视角，培养孩子的世界观和未来眼光，发展孩子的思考和探索能力。

今天，像书中那样靠一己之力，历尽艰险抵达地球无人区的探险家或许越来越少，但这一类人，有了新的身份和名字——科考员、宇航员、潜水员、海洋学家……海洋深处、宇宙太空，仍在召唤着人类继续前进。

每个孩子都有探索宇宙的梦想，刻在骨子里的探险基因，注定人类不会甘于平庸。相信这本书的小读者中，一定会有未来的科考员、宇航员、潜水员……

就让探索星辰与大海的旅程，从这本《征途》启程吧！

编辑 胡玉婷

这本《征途》有一般探险书籍的共性，更有其特殊之处。它不仅描述了探险者面临的惊涛骇浪或绝处逢生，还把目光聚焦到世界各地的风土人情，甚至民间的疾苦与革命运动的历程上。令人刮目相看，回味无穷！

小读者们读一读，想一想，或许会受益匪浅，由此开辟新的人生途径！

——中国科学探险协会名誉主席、中国“三极第一人”　高登义

不是所有的出发都叫征途，但是所有的征途都要出发。不是所有的出发都有归途，但是所有的出发都有意义。阅读《征途》，为出发找一个理由和方向。

——首都图书馆馆长、儿童阅读推广人　王志庚

古往今来，无论为了生存、生活、避乱、好奇、探险或研究等等不同目的，人类对于脚下这片土地的丈量与外部世界的探索，始终在持续。《征途》一书恰如观海拾贝，选取生活于不同时期、不同国别、不同文化及不同地理位置的人们的远足实践，呈现其对人类历史发展产生的影响；为孩子们推开回溯古今之门，观见其中人类共同的好奇、勇气、力量与智慧。

——儿童阅读研究者、童书译者　孙慧阳

从乘风破浪的航海到孤身向远的漫游，从穿越极限到星际探索，《征途》中一代代冒险家的故事激励现代的青少年踏上新的星辰大海之旅。

——童书作家　王叡

那些充满勇气的探索，总能点亮小读者们的心灵。

——《南极绝恋》导演　吴有音

N
W
E
S